HAND
PAINTED
INTEIOR

室内设计手绘表现

庐山艺术特训营教研组　　编著

U0198423

辽宁科学技术出版社
·沈阳·

PREFACE
前 言

　　"手绘"不仅是设计师创作时思考、推敲、表达的重要方式，更是设计师与甲方之间、设计师与设计师之间快速交流、探讨、修改方案的重要手段。手绘在成为"创造力展示窗口"的同时，也完美地体现了设计的价值。因此，手绘是思想与图像之间相互激发而产生的结果。

　　在设计创思时，设计师不仅要快速地构想出大量的方案，更要在思维发散的同时，准确记录、捕捉稍纵即逝的灵感，选择"手绘"这种创作方式，无疑是最快速也是最高效的。

　　无论有意还是无意，我们都不可否认，越来越多的从业者都认识到手绘的重要性，并着手开始学习手绘。我们在教学过程中最不愿看到的就是学生因缺少基本的技法而无法下笔或者不敢下笔，所以本书提供了一些简单、快速、高效的手绘表现方法，希望可以帮助大家越过这个障碍，同时也让大家避免局限于那些"真实呈现的技巧"，转而去寻找一些触手可及的手绘表达方法与绘画风格。

　　本书编排的重点是从手绘设计的"基础知识"出发，以"快速、高效的表现技巧"为核心，通过对大量设计方案的解析，力求系统而完整地剖析手绘草图，让读者认识到手绘草图在设计中的重要作用，从而帮助读者收获学习手绘的正确方法。以下是本书总结的一些手绘设计学习技巧：

　　1. 从基础的手绘学习方法着手，循序渐进地导入。本书将引导读者从"不会画"到"敢于动手"，再到"大胆画起来"的方式，不过分关注结果，不对结果设限，让读者大胆下笔。

　　2. 以设计创思为目的来学习手绘。为了能够达到快速捕捉稍纵即逝的灵感与想法，我们将引导读者学习快速、高效的具有表现意味的手绘技巧，从而让读者能真正地"用手绘来思考、用手绘来表达"，帮助读者用"可控的"方式将设计思维落实到纸面上。

　　3. 专业系统性的学习。让读者从"真实图像表达"的观念转变成"用手绘来进行创造性的探索"的独特表达思维，从而帮助读者找到属于自己的"快速、高效、放松"的手绘态度与风格。

　　庐山艺术特训营一直专注手绘设计的教育工作，我们从多年的教育教学经验和实践操作过程中点滴积累，形成了以"实用手绘"与"方法讲解"为出发点，按照"从基本手绘方法到高端设计方法"，以及"从案例分析到方案讲解"的一种循序渐进的教学方式，已帮助众多学子在短时间内掌握了高端手绘设计技巧。

　　本书由庐山艺术特训营教研中心的老师精心编著，整理了历年来特训营的教学作品与大量著名设计师的设计案例，意在抛砖引玉，若能让读者从本书中得到设计启发，我们将倍感欣慰。编排之中，若有不足之处，望各位同行予以指正。

　　最后，十分感谢陈红卫、杨健、沙沛老师在本书编排过程中给予的帮助，他们提供的优秀作品与经典案例，让本书的教学内容更富深度。

编者　于庐山艺术特训营

CONTENTS
目录

The **First** Chapter

室内设计手绘表现基础

第一章

　　线稿表现基础是从线条的学习到织物、单体陈设、组合陈设等的训练，是学习手绘不可缺少的重要组成部分，通过这些基础的训练能让初学者快速掌握手绘表现的基本要点，并快速达到手绘草图的基本入门要求。一幅优秀的手绘表现图是由无数的细节组成的，由此可见扎实的基础训练是快速表达的保障。本章中我们将详细讲解线条、织物、配景、陈设的训练方式以及如何在空间中运用，在熟练掌握这些原理和技巧以后，可以通过多临摹和写生来进行巩固和提高。

第一节　室内手绘的常用工具

　　"工欲善其事，必先利其器"，手绘表达的工具很广泛，没有特定的限制，可根据个人的喜好或习惯选择使用。对于初学者来说，大多用的是钢笔、水性笔、毡头笔等，只要画出的是清晰线条，就可以作为表达工具。

　　线稿阶段，铅笔、橡皮、尺子、签字笔、美工笔、制图尺、纸张是必须准备的工具；墨线制图过程中，细到 0.3型号的签字笔，粗到美工笔，都是用来表达设计画面中物体与物体间的空间、体块关系的工具。制图尺是在绘制平面与立面时不可缺少的工具，设计表达时应严格控制比例及尺寸，要求精准地表达出设计的内容。室内效果图着色的工具主要是马克笔和彩铅，因为这两种工具在工作中可以方便快捷地传递信息（图 1-1）。

图 1-1　室内手绘常用工具

一、笔类（图1-2）

　　1. 铅笔

　　铅笔是最常用的绘画工具，分木质铅笔和自动铅笔。在手绘学习中，铅笔占据了一个重要角色。

　　铅笔的可涂抹性和可修改性使得作画发挥的空间更大，往往可以通过涂抹来达到很多意想不到的效果，另外，画面容易修改，适合广大初级学者练习。

　　2. 钢笔

　　用钢笔绘画，其特点是用笔果断肯定，线条刚劲流畅，黑白对比强烈，画面效果细密紧凑，对所画事物既能做精细入微的刻画，也能进行高度的艺术概括，有着较强的造型能力。我们使用的作画工具由于笔尖粗细不同、压笔的轻重不同、运笔的缓急不同，就可以呈现出细粗、肥瘦、浓淡、畅滞等不同的效果来。只要我们掌握了线条的黑白对比规律、线与线的排列，以及调子的疏密关系，就能轻松、快速地表达出我们想要的质感和效果，进而在转入实际创作中，就很容易把握平面空间、错觉空间和体积（立体效果）的诸多要领了。

　　3. 针管笔

　　针管笔是绘制图纸的基本工具之一，能绘制出均匀一致的线条。笔身是钢笔状，笔头是长约 2cm 中空钢制圆环，里面藏着一条活动细钢针，上下摆动针管笔能及时清除堵塞笔头的纸纤维。针管管径有 0.1~1.2mm 的各种不同规格，在设计制图中至少应备有细、中、粗 3 种不同粗细的针管笔。在绘制建筑画时，应用较少。

　　4. 水性笔

　　水性笔的主要溶剂是水，常见的水性笔有钢珠笔、签字笔、毛笔和荧光笔，水性笔较油性笔无味，笔尖不易干燥，其笔迹耐光但不耐水，遇到水会渲染开来，不慎摔过就很容易断水。

　　5. 草图笔

　　草图笔线条比较流畅，一般较粗，黑白效果对比强烈，是快速表达的理想工具。

二、纸类（图1-3）

1. 复印纸

我们最常用的纸是 A4 和 A3 大小的普通复印纸。这种纸的质地适合铅笔和绘图笔等大多数画具，价格又比较便宜，最适合在练习阶段使用。

2. 拷贝纸

拷贝纸对各种笔的反应都很明确，绘制草稿清晰并有利于反复修改和调整，还可以反复折叠，对设计创作过程也具有参考、比较、记录、保存的重要意义。

3. 硫酸纸

与拷贝纸相比，硫酸纸比较正规，因为它比较厚而且平整，不易损坏。但是由于表面质地过于光滑，对铅笔笔触不太敏感，所以最好使用绘图笔。

4. 绘图纸

绘图纸是一种质地较厚的绘图专用纸，表面比较光滑平整，也是设计工作中常用的纸张类型。在手绘表现中我们可以用它来替代素描纸，进行黑白画、彩色铅笔以及马克笔等形式的表现。

5. 水彩纸

水彩纸是水彩绘画的专用纸。在手绘表现中由于它的厚度和粗糙的质地具备了良好的吸水性能，所以它不仅适合水彩表现，也同样适合黑白渲染、透明水色表现以及马克笔表现。在选购时应特别注意不要与"水粉纸"相混淆。

三、尺类（图1-4）

1. 直尺

笔直的尺子用来测量长度，广泛应用于数学测量、工程等学科。直尺也有人称为间尺，是一种非常常用的计量长度仪器，这种文具极为普遍。

2. 平行尺

平行尺是主要用来画平行线的，也可以当作直尺用，绘画过程中经常用到。画一条直线，平推尺子带动滚轴转动，移动一定距离即可画出两条平行的线条。

3. 曲线板

曲线板也称云形尺，绘图工具之一，是一种内外均为曲线边缘（常呈旋涡形）的薄板，用来绘制曲率半径不同的非圆自由曲线。在绘制曲线时，凑取板上与所拟绘曲线某一段相符的边缘，用笔沿该段边缘移动，即可绘出该段曲线。

4. 比例尺

在同样图幅上，比例尺越大，地图所表示的范围越小，图内表示的内容越详细，精度越高；比例尺越小，地图上所表示的范围越大，反映的内容越简略，精确度越低。

图 1-2　笔类

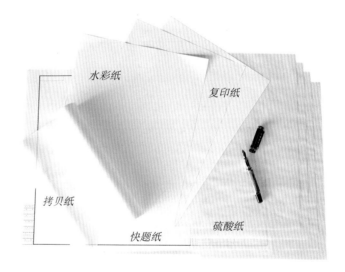

图 1-3　纸类

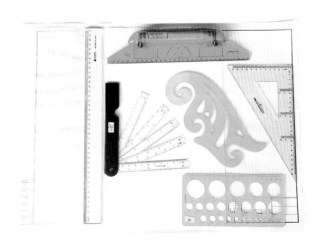

图 1-4　尺类

第二节 手绘线条基础

　　线条的练习，是学习手绘表达的基础性练习。准确、工整、快速的线条是每个初学者应该掌握的技能。

　　线条依靠一定的组织排列，通过长短、粗细、疏密、曲直等来表现。一般来说，线描的表现分为工具和徒手两种画法。借助于绘图钢笔和直尺工具来表现的线条画出来较规范，可以弥补徒手绘图的不工整，但有时也不免显得有些呆板，缺乏个性。曲线用以表现不同弧度大小的圆弧线、圆形等，在表现时应讲究流畅性和对称性。线条主要有包括直线和曲线的运用。直线用以表现水平线、垂直线和斜线等不同线条（图 1-5）。

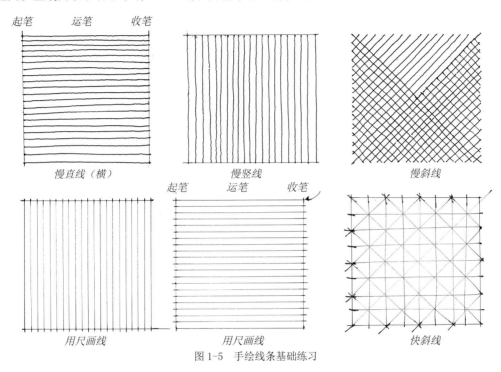

图 1-5　手绘线条基础练习

　　垂直线和水平线应首要保持平直的效果，其次是下笔时流畅、肯定，切勿拖沓犹豫。斜线也应由短到长地练习，掌握表现不同角度的倾斜线以准确表现透视线的变化；初学者在掌握基本要领后可进行针对性的训练。

　　手绘表现中曲线的运用是整个表现过程中十分活跃的因素。在运用曲线时，一定要强调曲线的弹性、张力。画曲线时用笔一定要果断、有力，要一气呵成，不能出现所谓的"描"的现象（图 1-6）。

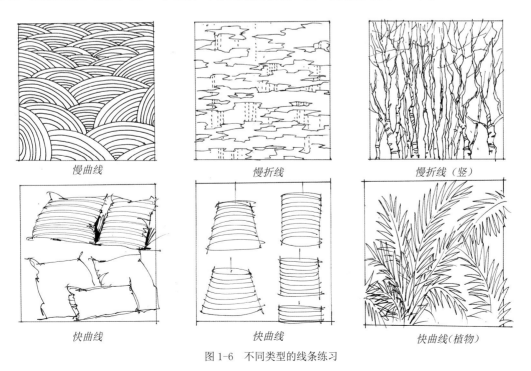

图 1-6　不同类型的线条练习

一、直线的练习

直线在徒手表现中最为常见，大多数形体都是由直线构成的，因此，掌握好直线技法很重要。画出来的线条一定要直并且干脆利索又富有力度，逐渐增加线的长度和速度，循序渐进，就能逐步提高徒手画线的能力，画出既活泼又直的线条。

1. 线条之窍门

（1）线条要连贯，切忌犹豫和停顿。

（2）切忌来回重复表达一条线。

（3）下笔要肯定，切忌收笔有回笔。

（4）出现断线，切忌在原基础上重复起步，要间隔一定距离后继续表达。

（5）表现切忌乱排，要根据透视规律或者平行与垂直表达。

（6）画图的时候注意交叉点的画法，线与线之间应该相交，并且延长，这样交点处就有厚重感，在画的过程中线条有的地方要留白、断开。

（7）画各种物体应该先了解它的特性，是坚硬的还是柔软的，便于选择用何种线条去表达。

2. 不同线条的性格

（1）直线——快速、均匀、硬朗，多表达坚硬的材质。

（2）曲线——缓慢、随意，多用来表达植物、布艺、花艺等。

3 姿势

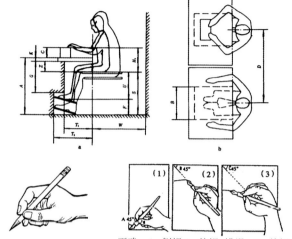

正确：1. 侧视 2. 俯视 错误：3. 俯视
图 1-7

练习的时候，坐姿对于练习手绘来说至关重要，保持一个良好的坐姿和握笔习惯，对提高手绘的效率很有帮助。一般来说，人的视线应该尽量与台面保持一个垂直的状态以手臂带动手腕用力（图 1-7）。

线条的训练要注意对力度的控制，力度的控制并不是将笔使劲往纸上按，而是指能感觉到笔尖在纸上的力度，手要掌握自如，欲轻欲重，都要做到随心而动，也不要故意抖动或进行其他矫揉造作的笔法。第一阶段的练习应该是比较轻松愉快的，没有任何要求，线条随意，只要多画，画到线条能控制自如，能自由掌握起笔、收笔的"势"，也就是我们平时常说的线条比较"老练"了即达到要求。

怎样才能把线条画得有感觉？画时要胸有成竹、落笔肯定，不要犹豫。注意起笔、落笔的"势"，既不要僵硬，也不要飘忽不定。

运笔速度要有控制、快慢得当，快的线条较直，适合表达简洁流畅的形体；慢的线条较为抖动，适合表达平稳而厚重的物体。

运笔时力度的细微变化是整体表现的重点，关键是起笔、落笔，快速线的重点在于画慢速的直线时，要有起笔、行笔、收笔，这样画出来的线条富有张力感；自然、流畅、规整、简洁（图 1-8）。

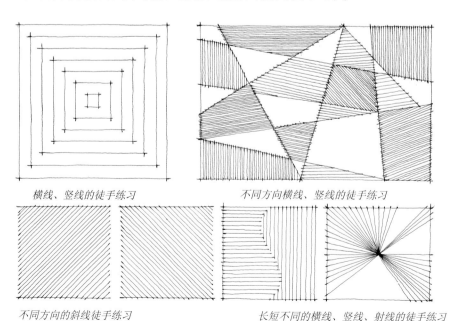

横线、竖线的徒手练习   不同方向横线、竖线的徒手练习

不同方向的斜线徒手练习   长短不同的横线、竖线、射线的徒手练习

图 1-8 手绘线条

与直尺绘制的线条相比，徒手更洒脱和随意，能更好地表述创意的灵动和艺术情感，但画不好也会感觉凌乱，因此，线是有情感和性格的，不同的笔绘出的线具有不同的个性特点（图1-9）。

自由曲线   竖向曲线

图1-9 徒手线条

二、线条练习范例

自由线条的练习，在有序与无序之间找到一种变化。平时多做些关于透视、直线、曲线的练习，对手绘透视能力、形体把握能力、线条组织能力及黑白灰关系处理能力的提高有很大帮助（图1-10）。

图1-10 不同方式线条表现

三、空间线条表现

线条的表现方式千万种，练习的方式也很多，图1-11、图1-12中的空间由无数的线条组织而成。通过这样的练习有以下作用：

（1）加强对空间的理解；

（2）掌握光影的基本关系；

（3）熟练把握各种线条在空间中的应用。

图1-11　空间线条表现

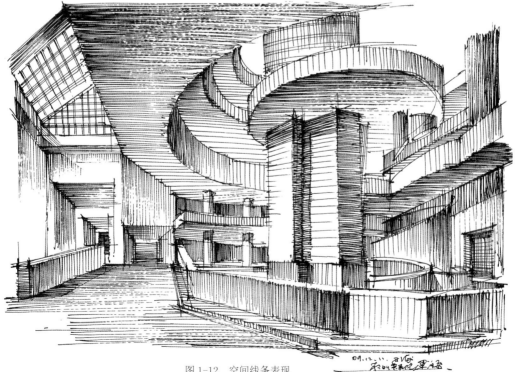

图1-12　空间线条表现

第三节　室内陈设

一、室内陈设家具

　　"空间"是创意与生活连接的场域，而家具"装饰"则是运作"设计"这个构思过程最后呈现的一种媒介，也是赋予空间独特审美的展示权利。家具"装饰"也是设计与生活连接的最后一层肌肤，无论家具装饰是否意味着潮流、时尚，或仅仅是风格，这都是紧密连接着当代人所展示的审美与生活态度。

　　室内家具陈设的摆设可以提高物质生活水准和精神品质。它的崇高目的是创造适应人们休养生息、陶冶情操的美好环境，有益于升华人们的精神生活和生命价值（图 1-13~ 图 1-15）。

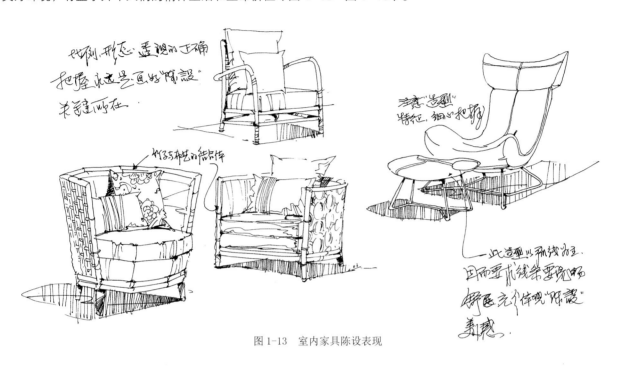

图 1-13　室内家具陈设表现

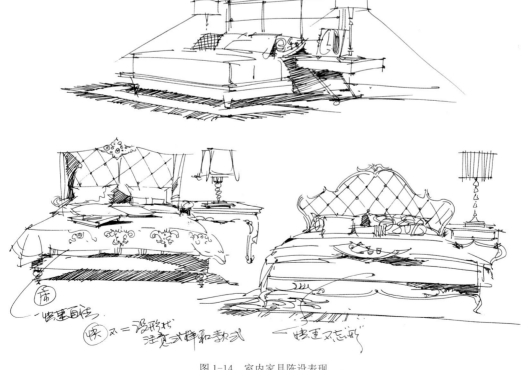

图 1-14　室内家具陈设表现

手绘设计草图的多角度思维训练

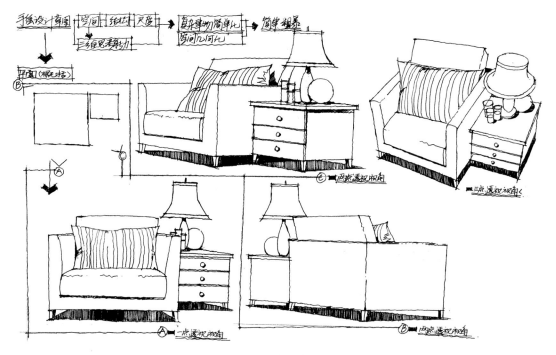

图 1-15　室内家具陈设表现

　　室内空间中陈设家具可以通过几何形态把握大的透视与比例关系，再复杂的陈设家具也可以理解成体块，通过改变长宽高的比例关系得到相应的陈设家具。"由易到难"地进行。

　　根据图片的尺度比例关系勾勒出相应透视体块①，通过"加、减法"勾勒出家具的外形与结构②，最后把细节纹理等刻画清楚③，见图 1-16。

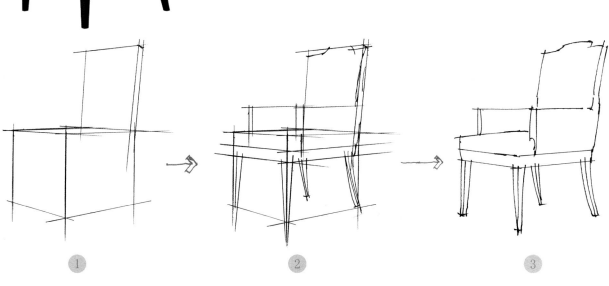

图 1-16　室内家具陈设表现步骤

根据图片的内容，勾勒出大的透视体块①，注意物体与物体的尺度比例关系，由前到后地勾勒出家居的外形与结构②，最后分别深入刻画结构纹理等③，见图 1-17。

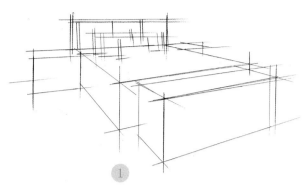
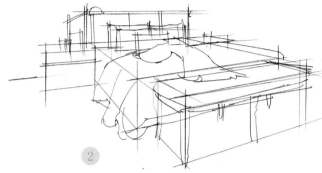

图 1-17　室内家具陈设表现步骤

根据图片的内容，将物体的正投影在地面上勾勒出来①，注意物体与物体之间的比例关系，画出透视体块②，在体块的基础上完善陈设家具的结构与纹理，最后增加一些光影效果③，见图 1-18。

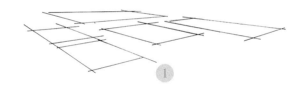

图 1-18　室内家具陈设表现步骤

二、室内家具、陈设

软装即软装修、软装饰。相对于传统"硬装修"的室内装修模式，即在居室完成装修之后进行的可利用、可更新、可更换的布艺、窗帘、绿植、铁艺、挂画、花艺、饰品、灯饰、家电、艺术品等的二次装饰。软装设计所涉及的软装产品可根据客户的喜好和特定风格对这些软装产品进行设计与整合，最终完成设计（图1-19）。

（1）实用性陈设

a.家具类：沙发、茶几、餐台、酒柜、书柜、衣柜、梳妆台、床等。

b.家电类：灯具、电视、音响、电脑、冰箱、洗衣机、空调等。

c.洁具类：浴缸、马桶、洗手台、脸盆等。

（2）装饰性陈设

a.艺术品：壁画、挂画、圆雕、浮雕、书法、摄影、陶艺、漆艺等。

b.工艺品：玉器、玻璃器皿、屏风、刺绣、竹木等。

c.纪念品：奖杯、奖状、证书等。

d.收藏及观赏品：盆景、花卉、鸟鱼、邮票、标本等。

图1-19 家具陈设组合

1.织物表现基本技法

织物能够使空间氛围亲切、自然，可运用轻松活泼的线条表现其柔软的质感。织物柔软，没有具体形体，表达时容易将其画得过于平面，失去应有的体积感，柔软的质地不能很好地表达出来。例如抱枕的表现就要注意表现抱枕的明暗变化以及体积厚度，只有有了厚度，才能画出物体的体积感。先将抱枕理解为简单的几何形体，进行分析。在刻画抱枕的时候线条不能过于僵硬，注意整体的形体、体积感和光影关系。

通过几何形态把握大的透视关系，接着用流畅的弧线勾勒外形，然后去丰富纹样等细节，当一组抱枕在一起的时候，同样地通过体块找准透视形态，再去勾勒，注意穿插和前后遮挡关系（图1-20）。

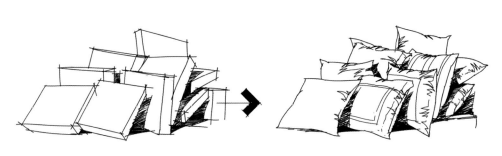

图1-20 抱枕的表达

图 1-21　床品的布艺表达

布艺是居室的有机组成部分，同时在实用功能上也具有它独特的审美价值。画图时，可能大家觉得布料又难画又麻烦，但其实画布料的过程是很有趣的。只要掌握了其中的一个关键点就很容易上手。

首先确定光源和布料的受力情况，控制好线条并画出大的结构走向，细化质地注意明暗的处理。

和别的固体物件一样，布是立体的，画的时候要注意转折处的纹理走向、透视变化。质感偏硬的布料，边缘线条相对较直，有锐利的转折；质感偏软的布料，边缘过渡柔和，没有锐利的转折，褶皱也比较柔和（图1-21）。

桌子有透视关系，同样，配饰也有透视关系，近大远小，根据感觉画出透视的趋势即可，对于大块留白地方可添加细节或用不同色调加以区分（图1-22）。

图 1-22　餐桌陈设组合

桌布的下摆最能体现布艺的感觉，进出的层次都能体现柔软感，还有桌面上陈设的转折形状的阴影也能体现进深感（图1-23）。

图 1-23　桌面陈设表现

2. 花艺与绿植的表达

室内绿植通常在整个室内布局中起到画龙点睛的作用，在室内装饰布置中，我们常常会遇到一些死角不好处理，利用植物装点往往会起到意想不到的效果；如在楼梯下、墙角、家具转角处或者上方、窗台或者窗框周围等的处理，利用植物加以装点，可使空间焕然一新。

在画室内效果图的时候植物同样也有"近景、中景、远景"，也就是近处的植物，空间中的植物和远处的植物（阳台、窗外）的植物，我们在手绘表现的刻画中要注意其中的虚实关系（图1-24）。

（1）近景植物：通常用来收边，平衡画面，让整个空间和画面更加生动，在刻画时要注意其生长动态，要简化并虚实表达，不可画得过于细腻（图1-25）。

图 1-24 家具配饰

图 1-25 近景植物

（2）中景植物：画面中心的植物表达是我们刻画的重点，需要细致处理，要注意植物本身的生长动态以及其中的穿插关系、疏密关系，也要注意植物与其他陈设的遮挡关系（图1-26）。

图1-26 中景植物

(3) 其他陈设表现：陈设艺术设计有其自身配置规律，手绘表现中力求在多方位、多样化、多角度地对陈设艺术设计进行阐述，培养和开发设计师广阔的欣赏视野和创造性思维能力，最终能自如地用于自身设计之中。在欣赏分析的基础上去综合运用，使室内手绘草图设计与艺术欣赏及使用实现完美的结合（图1-27）。

不规则的三角形构图，轻松、自在，同时具有强烈的空间感；在表现过程中特别要注意重心的把握，以及画面中物体的高中低和前中后层叠关系（图1-28）。

图1-27 陈设组合　　　　　　　　　　　　　　　　　　　图1-28 陈设组合

3.灯饰表现基本技法

灯饰形态各异,造型多变,记住几种常用的表达方式即可,重点把握住基本的透视关系,保证画面对称(图1-29)。

(1)灯饰透视分析。

在表达灯具时,灯具的对称性和灯罩的透视尤为重要,特别是灯罩的透视很难准确把握。我们需要先去透彻地理解、总结出简单直接的方法,再去深入刻画灯罩部分。我们可以先将其理解为简单的几何形体,根据灯具所处空间的透视,做出辅助线,连接空间透视的消失点,将灯罩的外形"切割"出来。再去画出形体的中线,刻画灯具主体。用这样的简单方法理解性地练习几次就能够很好地掌握灯具的表达技巧(图1-30)。

(2)灯饰表现范例。

在灯饰表现中注意观察形体的比例、对称、透视是否协调(如图1-31),

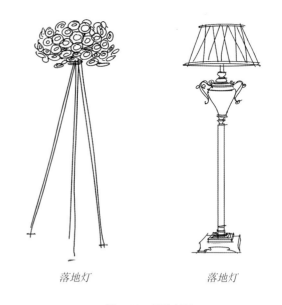

落地灯　　　　　　落地灯

图1-29　灯具表现

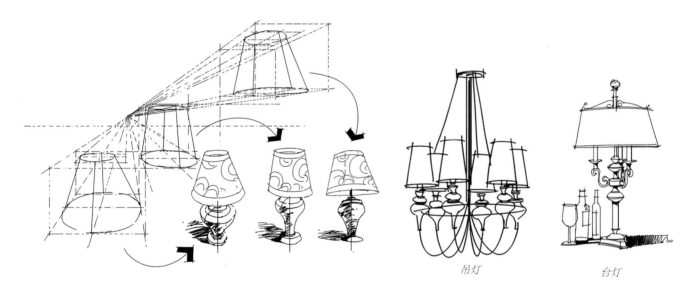

吊灯　　　　　　　台灯

图1-30　灯具表现

图1-31　灯饰表现

三、装饰材质的表达

在进行设计表达过程中，我们需要表达不同空间、不同气氛中的不同材质。我们要熟练掌握线条，运用不同形式的线条以及线条的疏密、转折变化来表达不同的材质（图1-32）。

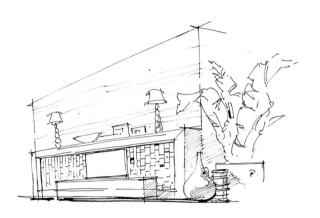

石材、木质、瓷器、马赛克拼贴

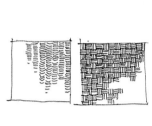

不同形式藤编、干枝

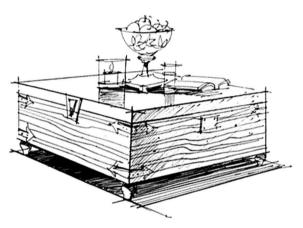

茶几镜面、木质贴面

木质格栅、瓷器、青石拼贴、窗帘布艺、植物、玻璃

图1-32 不同材质的表现

1. 金属材料及其表现

不锈钢、钛金、铜板、铝板等金属装饰用材，在现代装饰设计中应用甚广，在表现中要注意镜面金属材料直接反射外部环境的特殊性，可以用点绘和线绘的方法来表现高光、投影和金属特有的光泽之感（图1-33）。

2. 玻璃材质及其表现

在现代室内外装饰中，玻璃幕墙、装饰玻璃砖、白玻璃和镜面玻璃等都有其特有的视觉装饰效果，是其他材料所不可替代的。玻璃不仅透明，还对周围产生一定的映照，所以在表现时不仅要画通过玻璃看到的物体，而且还要画一些疏密得当的投影状线条以表达玻璃的平滑硬朗（图1-34）。

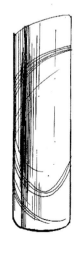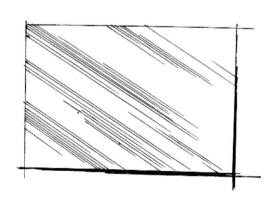

图1-33 金属　　　　　　图1-34 玻璃

　　家居陈设材质的表现是空间设计的组成部分，材质的细节和刻画能让手绘效果图更加生动真实。所以要对空间设计中常出现的一些材质如石材、木材、玻璃、布艺、墙纸、漆艺等进行系统的练习，总结其基本技法和表现规律。

　　3. 木质材料及其表现

　　在装饰中，木装饰包括原木装饰和模仿木质，它是装饰用材中用得最广、最多的一种材料。木质材料给人一种亲和力。在室内装饰中应用居多，如板面、门窗的材料主要应用木材饰面板（图1-35）。

图1-35　木质材料表现

　　木质家具以及窗格、木质饰面的表现如图1-36所示，其表现要点为：

　　a. 勾画出轮廓线，并略有起伏，纹饰勾画时注意体积关系。同时注意受光面及背面的敏感、深浅。

　　b. 点缀细节与纹样，加重明暗交界线和木条下的阴影线。

　　c. 强调木质装饰板面的纹路及图案，随原木面起伏拉出光影线，这种原木板颇具原始情趣，刻画用笔宜粗犷、大方、潇洒。

图1-36　木质材料表现

4.石质材料及其表现

我们装饰中应用的石材，一般分为平滑光洁的和烧毛粗糙的。前一种偶有高光，直接反射灯光、倒影。在表现时，我们一般用钢笔画一些不规则的纹理和倒影，以表现光洁大理石的真实感；另一种较粗糙，是经过盐酸处理的石材，在大面积石材装饰中，产生一种亚光效果。这种烧毛石材的表现一般用点绘法来表现粗糙亚光的效果。接下来介绍几种石材的表达，如图1-37所示7种。

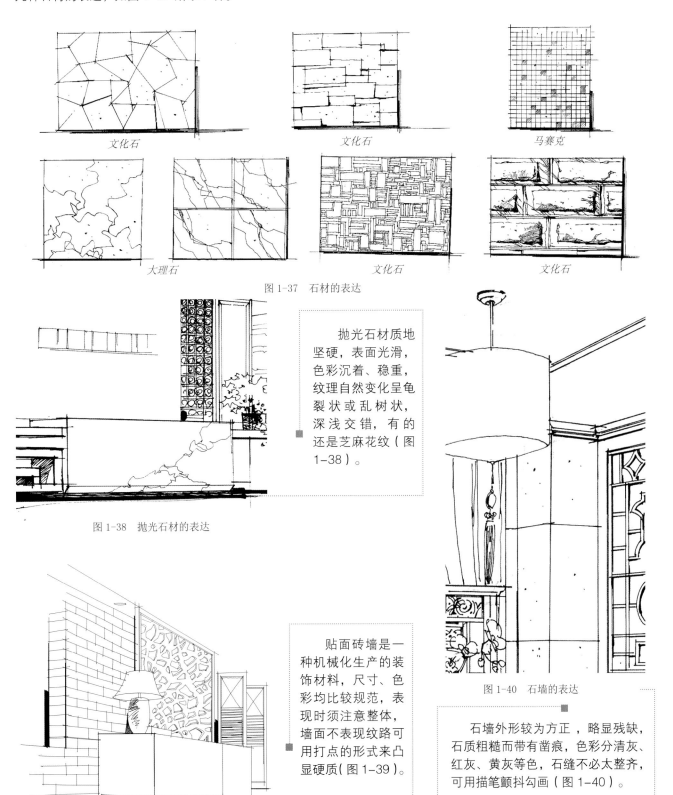

图 1-37　石材的表达

抛光石材质地坚硬，表面光滑，色彩沉着、稳重，纹理自然变化呈龟裂状或乱树状，深浅交错，有的还是芝麻花纹（图1-38）。

图 1-38　抛光石材的表达

图 1-40　石墙的表达

贴面砖墙是一种机械化生产的装饰材料，尺寸、色彩均比较规范，表现时须注意整体，墙面不表现纹路可用打点的形式来凸显硬质（图1-39）。

石墙外形较为方正，略显残缺，石质粗糙而带有凿痕，色彩分清灰、红灰、黄灰等色，石缝不必太整齐，可用描笔颤抖勾画（图1-40）。

图 1-39　贴面砖墙的表达

四、室内陈设精细线稿表现

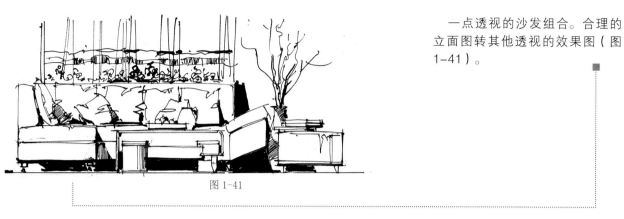

一点透视的沙发组合。合理的立面图转其他透视的效果图（图1-41）。

图1-41

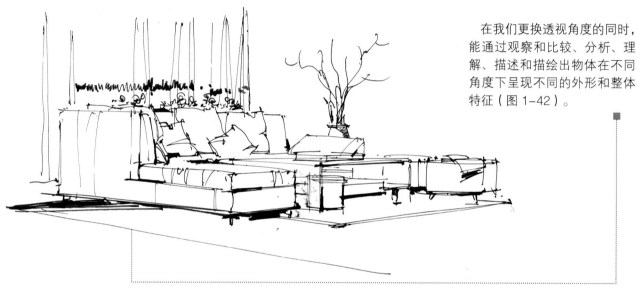

在我们更换透视角度的同时，能通过观察和比较、分析、理解、描述和描绘出物体在不同角度下呈现不同的外形和整体特征（图1-42）。

图1-42

其他图例见图1-43~图1-52。

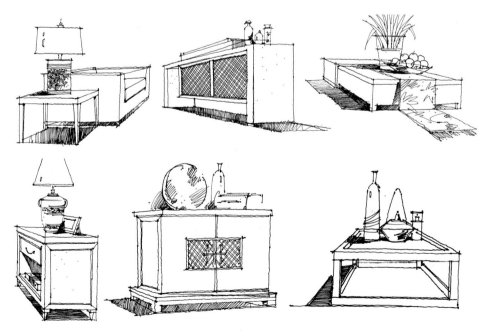

图1-43 室内单体陈设表现一

图 1-44　室内单体陈设表现二

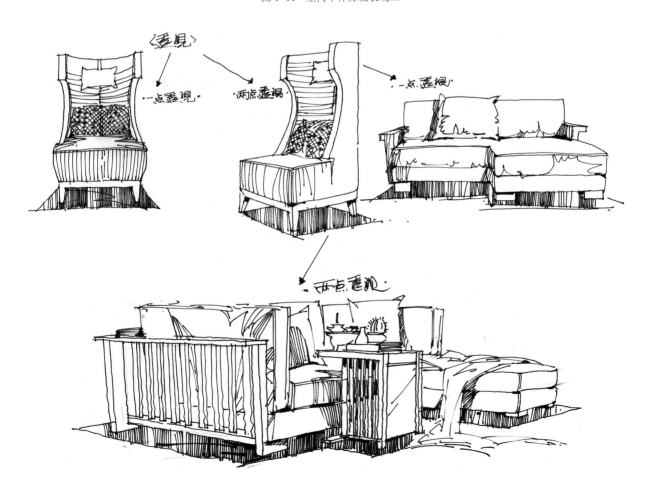

图 1-45　室内单体陈设表现三

图 1-46　室内陈设组合表现一

图 1-47　室内陈设组合表现二

图 1-48　室内陈设组合表现三

图 1-49　室内陈设组合表现四

图 1-50　室内陈设组合表现五

图 1-51　室内陈设组合表现六

图 1-52　室内陈设组合表现七

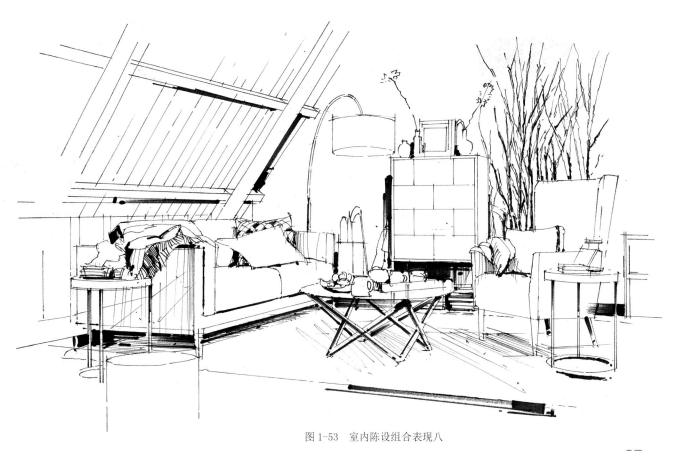

图 1-53　室内陈设组合表现八

The **Second** Chapter

透视技法及空间线稿表现

第二章

　　透视原理是学习手绘的基础课程，透视的学习能让初学者快速掌握手绘图的基本要点，快速达到手绘草图的基本要求。一幅优秀的手绘效果图也称作透视图，由此可知透视是整幅图的根基和灵魂。学习透视，首先需要了解和掌握透视的基本原理和规律，本章中我们将详细讲解透视规范以及透视图表现的步骤，在熟练掌握了透视的运用以后可以手绘一些草图来巩固透视和锻炼绘画者对空间的把握能力。草图是手绘快速表现的其中要素之一，快速表现可分为尺规快速表现和徒手快速表现。本章节设有几种详细的快速表现方法和表现步骤。无论是草图还是效果图最终都是为方案而服务的，所以每一张图都要尽力地体现出设计重点所在，突出所要表达的设计方案内容。

第一节　室内构图原理与构图形式

在绘制严谨的空间透视前，我们首先要建立准确的透视概念，合适的视点位置以及构图形式（图2-1）。

手绘表达中，视点的选择有以下几条原则：

（1）低视点视图采用的视平线高度一般低于人眼高度，即在画面的约1/3高度，这种取景方式适合表现局部细致的场景（如图2-1a、图2-1b）。

（2）中高视点视图采用这种取景方式不仅可以表现局部设计，同时不被视角所限，能表现设计的大环境和比较大的场景。

（3）消失点一般定在画面偏左或偏右的地方，一般情况下，消失点不宜定在正中间。

几种构图形式：

（1）视平线过于偏上和偏下，会导致构图纸面上下空白较多（如图2-1c、图2-1f）。

（2）视点定得过于偏左或偏右会导致纸面左右空白较多（如图2-1d、图2-1e）。

（3）内框的大小决定了空间的进深感，内框小进深感较强，内框大进深感较弱（如图2-1g~图2-1i）。内框偏左、偏右决定了空间主次的变化。如果主要表达内容在空间右侧，那么在定内框的时候就可以适当偏左一点。

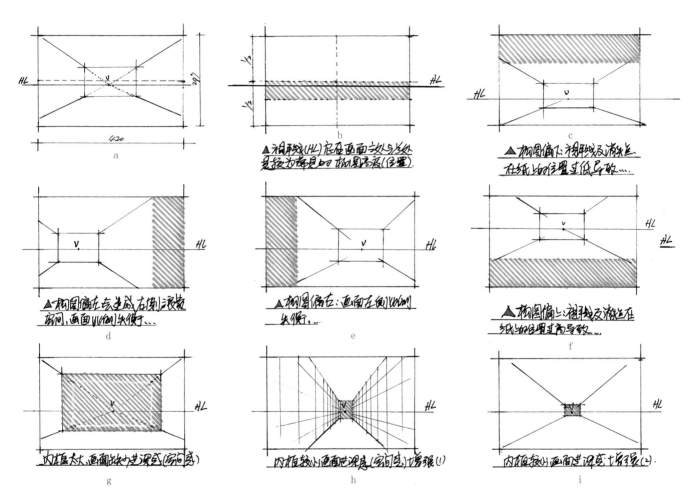

图 2-1　构图与透视表现

画面的构图是一种审美的体现，要提升绘画及设计水平首先就要提高审美眼光。对画面、空间、体量的体会和感悟的不同是画面风格和设计风格区别的根源。绘画和设计一样都是构架，画面不仅要注意具体形体——"实型"的平衡，同时要注意画面的空白和中心的留白——"虚型"的平衡。经营画面如组织交响乐，它的取舍源于画面的需要，是一种美。所以构图是一种取舍，是一种审美。审美观点的不同决定了画面取舍的不同，也决定了每个人对画面构图的不同，乃至构图细节处理的不同（图2-2）。

纸张本身的特点就是第一次的构图。纸张的大小、形状，乃至颜色都是画面构图的基础，也是一种构图。方形的画面给人方正平稳的感觉；长形给人水平延伸的感觉，有平和和宁静的画面韵味，或是垂直向上的气势感（图2-3）。

图 2-2 作者：邓蒲兵

图 2-3 作者：邓蒲兵

一、一点透视详解与步骤

一点透视特点：画面横平竖直，消失于同一个消失点。能够表现主要立面的真实比例关系，变形较小，适合表现大场面的纵深感。空间特点庄严、稳重、纵深感强（图2-4）。

注意事项：一点透视在室内效果图表现中视平线一般定在整个画面靠下的1/3左右位置。

参考原图

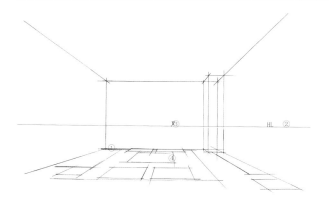

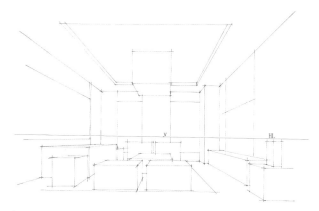

步骤一：首先要注意画面的构图，确定一点透视的空间，确定内框的大小和位置①，明确视平线HL的高度②，确定消失点在画面左右的位置，而后在视平线上找到消失点③。将空间中陈设物体正投影在地面上确定④（此步骤关键在于根据图片的空间尺度确定空间的进深感）

步骤二：参考视平线HL的高度，确定相应的陈设物体的高度以体块的形式表达出来，可以由前到后进行。（此步骤一定要注意物体与物体、物体与空间之间的比例关系）

步骤三：继续深入画面，通过"加、减法"勾勒出物体的结构与纹理，之后去掉多余的辅助线，深入刻画家具陈设等物品，最后完善构图，强化结构及画面主次虚实关系

图2-4　作者：徐明

二、两点透视详解与步骤

两点透视的特点：画面灵活并富有变化，适合表现丰富、复杂的场景（图2-5）。

注意事项：两点透视也叫成角透视，它的运用范围较为普遍，因为有两个消失点，运用和掌握起来比较困难。应注意两点消失在视平线上，消失点不宜定得太近，在室内效果图表现中视平线一般定在整个画面靠下的三分之一左右位置。

参考原图

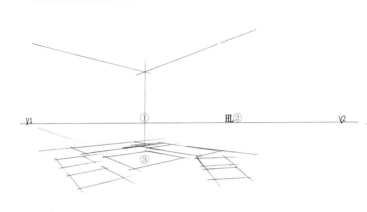

步骤一：根据图片尺度确定好构图及空间尺度①，定好视平线高度及两个消失点的位置②（消失点不在画面内），同时将空间中的陈设物体正投影在地面上确定出来③

步骤二：参考视平线 HL 的高度，根据图片确定相应的陈设物体的高度，连接相应的消失点以体块的形式表达出来

步骤三：在体块基础上勾画出物体的结构与纹理，去掉多余的辅助线，深入刻画家居陈设等物品，最后完善构图，强化结构及画面主次虚实关系

图2-5 作者：徐明

三、一点斜透视详解与步骤

一点斜透视的特点：所有垂直线与画面垂直，水平线向侧点消失，纵深线向中心点消失，画面形式相比平行透视更活泼更具表现力（图2-6）。

注意事项：一点斜透视在室内效果图表现中视平线定得不易过高，画面内的消失点不要在"一侧"，不要在中心，否则会产生错误的效果。

参考原图

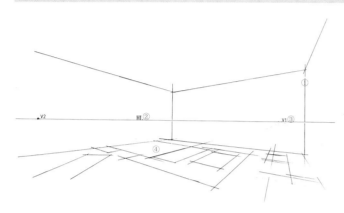

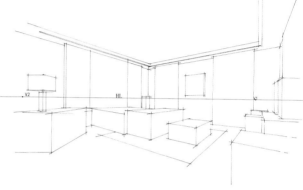

步骤一：首先要注意画面的构图，根据图片确定内框的大小和位置①，明确视平线的高度②，确定两个消失点的位置③（消失点 V_2 不在画面内），将空间中的陈设物体正投影在地面上确定出来④

步骤二，参考视平线 HL 的高度，确定相应的陈设物体的高度，连接相对应的消失点以体块的形式表达出来，可以由前到后地进行。（此步骤一定要注意物体与物体、物体与空间之间的比例关系）

步骤三：在体块的基础上勾画出物体的结构与纹理，去掉多余的辅助线，深入刻画家居陈设等物品，最后完善构图，强化结构及画面主次虚实关系

图 2-6

第二节 室内空间透视步骤图

一、客厅空间表现步骤

在设计行业中，手绘是学习和工作中不可或缺的技能，以设计草图为主，贯穿了整个设计过程。比如从前期项目分析解读，到中期方案初步构思，再到最后绘制出设计方案，是一个完整的过程，也是设计师必备的职业技能（图2-7）。手绘作为设计师必备的职业技能可以让我们更高效地将设计意向反映出来，省去了很多前期设计过程跟甲方交流不够而造成的前期投入。

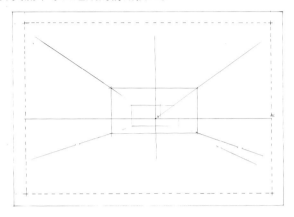

步骤一：a. 明确视平线 HL 的高度；b. 确定消失点在画面左右的位置，而后在视平线上找到消失点；c. 确定内框的大小和位置（此步骤关键在于控制的空间的进深）；d. 连接内框角点和消失点确定空间的围合立面

步骤二：深化前一步骤。将空间中墙面和天花刻画出来，地面的家具和地毯等陈设物品要整体地概括为几个体块的关系；这一步骤要时刻注意连接消失点

步骤三：最后阶段，将画面中的绿植和陈设物体的投影逐步刻画，增强空间的体块关系和空间使用性质的表达

图 2-7

二、某室内商业空间表现步骤

案例表现见图 2-8。

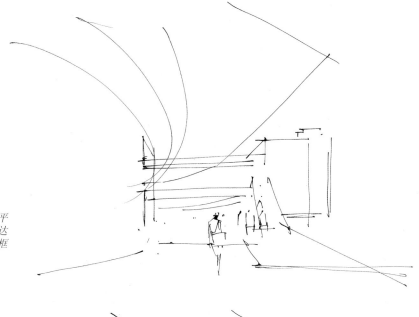

步骤一：商业空间一般场景较大，首先要确定视平线的高度和消失点的位置，这里徒手绘制空间表达的前提条件，同时表达出空间中主要结构大体的框架

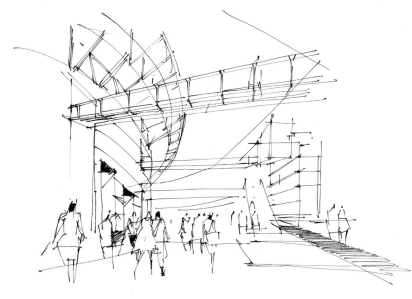

步骤二：建筑结构与空间透视要表现正确，添加人物也要注意其行走动态、组合关系，注意要近大远小，万不可随意添加，否则会杂乱无章

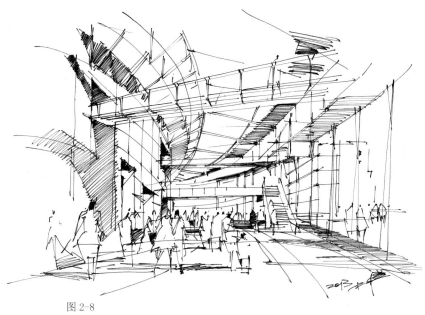

步骤三：逐步完善空间内部的结构、光影关系，并适当画出背光面的暗部和物体的投影，注意不可过度刻画，要为上色留余地

图 2-8

第三节　室内空间精细线稿表现

图 2-9~ 图 2-26 为优秀的表现案例。

图 2-9　家居空间　作者：孙大野

图 2-10- 家居空间　作者：邓文杰

图 2-11　餐饮空间　作者：沙沛

图 2-12　餐饮空间　作者：孙大野

图 2-13　卫浴空间　作者：徐明

图 2-14　书房空间　作者：孙大野

图 2-15　餐饮空间　作者：王姜

图 2-16　餐饮空间　作者：王姜

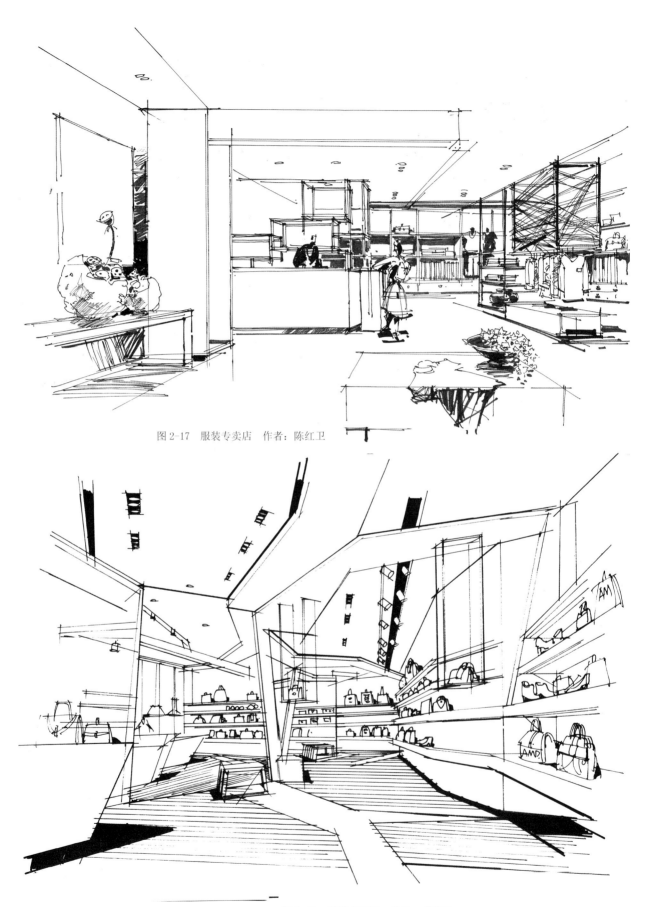

图 2-17　服装专卖店　作者：陈红卫

图 2-18　服装专卖店　作者：邓蒲兵

图 2-19 服装专卖店 作者：尚龙勇

图 2-20 大堂空间 作者：杨健

图 2-21　会所空间　作者：沙沛

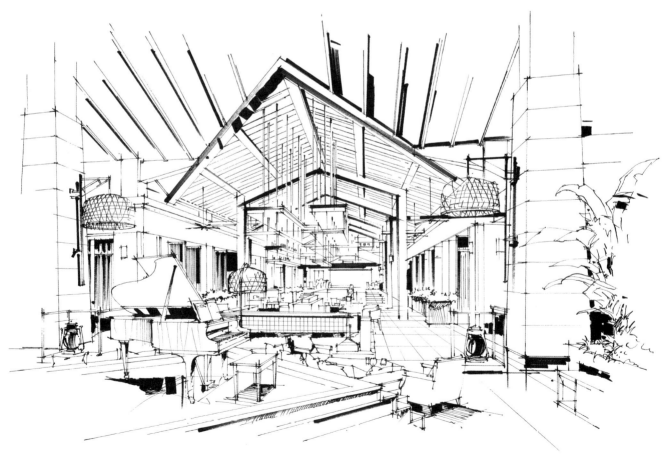

图 2-22　酒店大堂　作者：孙大野

图 2-23　会所空间　作者：徐明

图 2-24　餐饮空间　作者：邓文杰

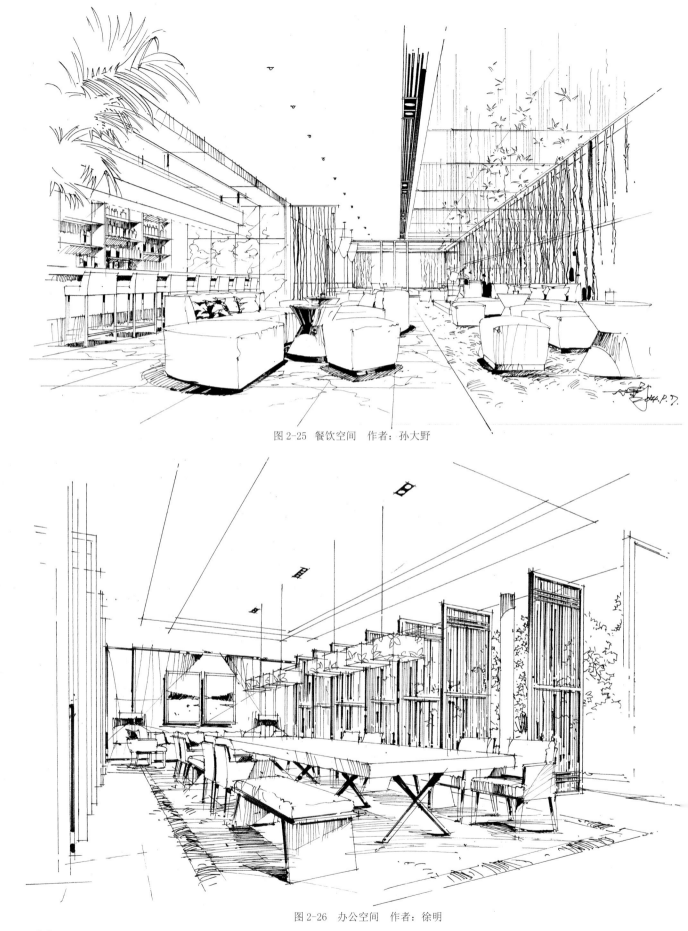

图 2-25 餐饮空间　作者：孙大野

图 2-26 办公空间　作者：徐明

第四节　室内空间快速设计草图

图 2-27~ 图 2-30 为优秀的设计草图表现案例。

图 2-27　餐厅空间　作者：杨健

图 2-28　中式客厅空间　作者：沙沛

图 2-29　餐饮空间　作者：杨健

图 2-30　餐饮空间　作者：陈红卫

The **Third** Chapter

空 间 透 视 构 建 方 法 论

第三章

　　本章节对根据平立面的方案绘制正确的透视图做了细致的分析讲解，以几种快速的草图构思表达了视点高度和位置的不同，所表达出来的空间效果也不同。无论是草图还是效果图都是为方案而服务的，所以每一张图都要尽力体现出设计意图，突出方案设计所要表达的重点。

第一节　室内平面图图例与平立图绘制

一、平立面制图图例

1. 剖切符号

剖视的剖切符号应由剖切位置线及剖视方向线组成，均应以粗实线绘制。剖视的剖切符号应符合下列规定：剖切位置线的长度宜为6～10mm剖视方向线应垂直于剖切位置线，长度应短于剖切位置线宜为4～6mm，绘制时剖视剖切符号不应该与其他图线接触（图3-1）。

2. 指北针

指北针其圆的直径宜为24mm，用细实线绘制；指北针尾部的宽度宜为3mm，指北针头部应注"北"或"N"字。需用较大直径绘制指北针时，指针尾部的宽度宜为直径的1/8（图3-2）。

3. 指内视符号

室内立面图的内视符号应注明在平面图上的视点位置、方向及立面编号。符号中的圆圈应用细实线绘制，可根据图面比例圆圈直径选择8～12mm。立面图编号宜用拉丁字母或阿拉伯数字（图3-3）。

4. 平立面的解析

（1）平面图的绘制线条要沉稳肯定，把握物体之间的比例关系。

（2）注意尺度。各个空间的大小划分应尽量合理，装饰物的体量要合理，家具的大小要根据空间的大小来选定。

（3）单体家具大的框架确定后，可根据自身家居设计的风格进行装饰，添加各个风格元素（图3-4）。

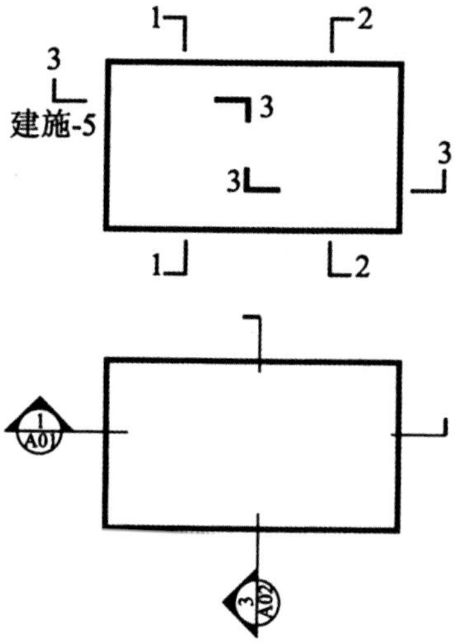

图 3-1

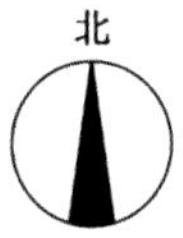

图 3-2

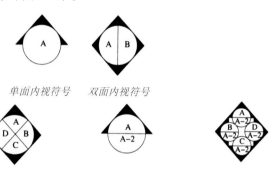

单面内视符号　　双面内视符号

四面内视符号　　带索引的单面内视符号　带索引的四面内视符号

图 3-3　内视符号

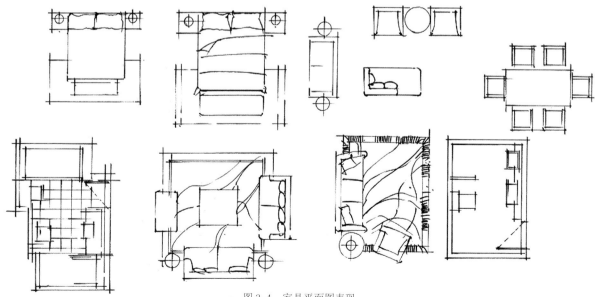

图 3-4　家具平面图表现

二、室内家具尺寸参考 (单位：cm)

a. 单人式沙发长度：80~95；深度：85~90；坐垫高：35~42；背高：70~90。

b. 双人式沙发长度：126~150；深度：80~90。

c. 三人式沙发长度：175~196；深度：80~90。

d. 四人式沙发长度：232~252；深度：80~90。

e. 电视柜深度：45~60，高度：60~70。

f. 单人床宽度：90，105，120；长度：180，186，200，210。

g. 双人床宽度：135，150，180；长度：180，186，200，210。

h. 圆床直径：186，212.5，242.4。

i. 室内门宽度：80~95。

j. 医院 120 高度：190，200，210，220，240。

k. 厕所、厨房门宽度：80，90；高度：190，200，210。

三、比例

1.比例的概念

图样的比例是指图形与实物相对应的线性尺寸之比，如 1：50，是图纸上 1 单位代表实际对象 50 单位。

2.比例的种类

a. 相同比例：1：1；

b. 缩小比例：1：100；

c. 放大比例：5：1；

d. 常用比例：1：1，2，5，10，20，50，100，200，500，1000；

e. 可用比例：1：3，15，25，30，40，60，150，250，400，600。

3.比例的表示法

比例以阿拉伯数字表示。当同一张图纸上的图形采用同一种比例时，可将比例统一注写在标题栏，当图形比例不一时，应分别注写在图名或详图编号的右侧，字的底线应取平，比例的字高应比图名的字高小一号或两号（图 3-5）。

平面图 1：100   ⑥ 1：20

常用比例	1：1、1：2、2：5、1：10、1：20、1：30、1：50、1：100、1：200、1：500
可用比例	1：3、1：4、1：6、1：15、1：25、1：40、1：60、1：80、1：250、1：300、1：400、1：600

图 3-5

四、尺寸的标注

（1）图样上的尺寸用以确定物体大小和位置，尺寸标注必须做到齐全、清晰、合理。尺寸的标注一般由尺寸数字、尺寸线、尺寸界线、尺寸起止符号四要素构成，标注尺寸单位一律用 mm。

（2）标注的尺寸是空间物体的实际尺寸，与具体绘制时所用的比例没有关系。工程设计图纸中的尺寸数字不需注明尺寸的单位。尺寸线与尺寸界线应采用细实线表示，并与备注长度平行。

（3）尺寸线不宜超出尺寸界线。尺寸线、尺寸界线与被标注的轮廓线应保持一定间隔。尺寸的起止符号以 45° 倾斜画成的中粗短线、箭头、圆点表示。

（4）相平行的尺寸线，应从备注写的图样轮廓线由近向远整齐排列，较小尺寸应离轮廓线较近，较大尺寸应离轮廓线较远（图 3-6）。

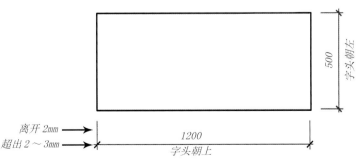

图 3-6

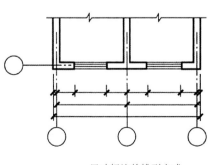

尺寸标注的排列方式

第二节 不同空间平立图表达

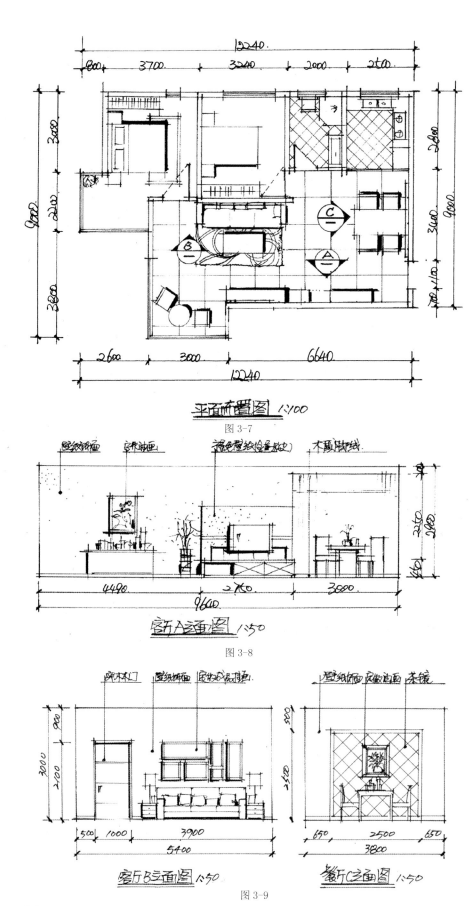

图 3-7

图 3-8

图 3-9

本套方案为现代简约风格，特点是简洁和实用。加上传统的中式风格让人感觉舒适和恬静，适当的装饰使家居不缺乏时代气息，使人得到精神和身体上的放松，并紧跟时代步伐，同时也满足了现代人"混搭"的乐趣。

本套案例中有客厅、餐厅、厨房、卧室、卫浴间、阳台等功能空间（图 3-7～图 3-9）。

第三节 平面升空间

一、卧室平面升空间

根据平面图视点的位置，分别勾勒一些草图，找到一个合适的角度表达空间内容。

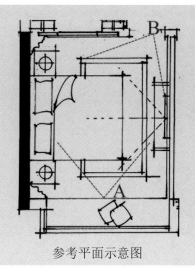

参考平面示意图

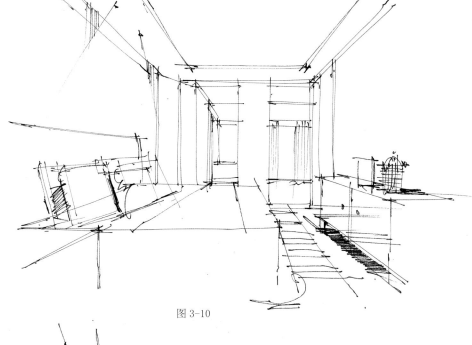

图 3-10

A 点的位置：一点透视空间的表达，其进深感不强，前后关系不明显。整体构图空间缺少主次的变化。优点是整体墙面表达得比较全面（图 3-10）。

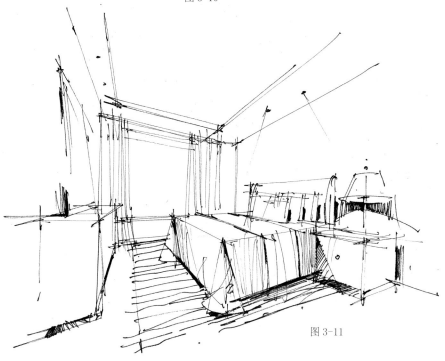

图 3-11

B 点位置：一点斜透视空间的表达，表达空间比较全面，空间有主次的变化，进深感较强。缺点是初学者如果控制不好透视，结构容易变形（图 3-11）。

51

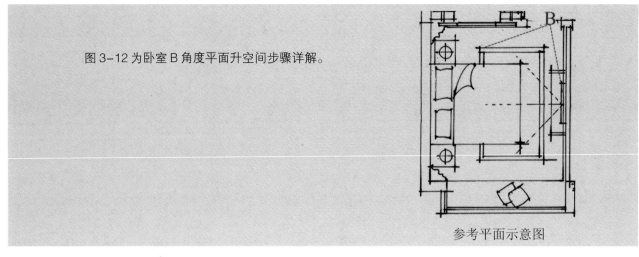

图 3-12 为卧室 B 角度平面升空间步骤详解。

参考平面示意图

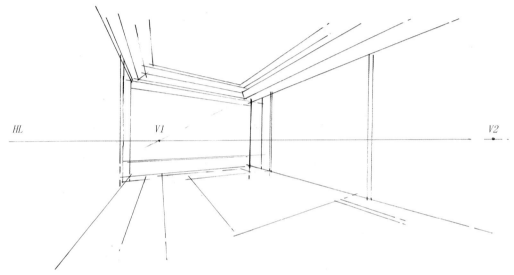

HL   V1   V2

步骤一：根据平面的尺度关系，确定内框的大小及位置，由于表达的主要内容在右侧，所以内框可以适当偏左一些，这样构图比较平衡。将物体的正投影按比例在地面表达出来，同时将空间的大体结构表达出来

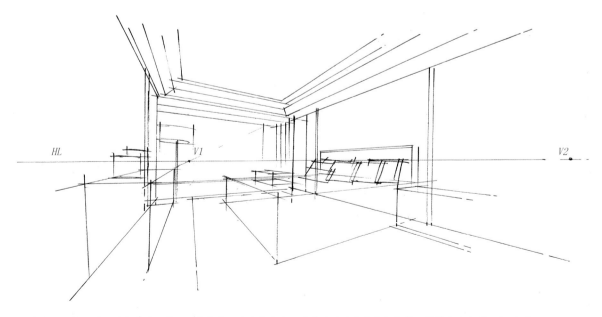

HL   V1   V2

步骤二：参考视平的尺寸，将室内陈设物品以体块的形式表达出来。此步骤应注意物体与物体、物体与空间的比例关系

步骤三：在体块的基础上细化一些物体的结构与材质，最后去掉多余的辅助线，深入刻画细节纹理，增强画面的对比关系

步骤四：对画面整体加以处理，如整体的投影、画面的黑白灰关系处理，并对材质进行表达，特别是地毯和窗帘布艺的处理，处理投影要根据光源的方向

图 3-12

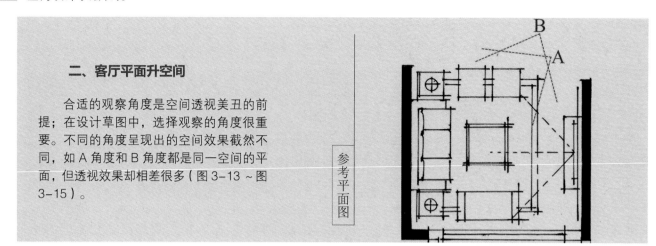

二、客厅平面升空间

合适的观察角度是空间透视美丑的前提；在设计草图中，选择观察的角度很重要。不同的角度呈现出的空间效果截然不同，如 A 角度和 B 角度都是同一空间的平面，但透视效果却相差很多（图 3-13 ～ 图 3-15）。

参考平面图

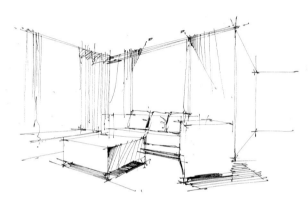

A 角度表达的是客厅的两点透视——沙发一角，无法把整个客厅空间的主要界面和陈设表达出来

图 3-13

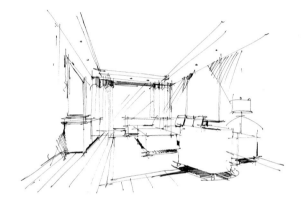

B 角度表达的是客厅的一点斜透视，很好地把整个空间的主要界面和家具陈设表达出来

图 3-14

B 角度客厅空间一点斜透视深化图

图 3-15

三、同一个平面不同观察角度平面升空间表现效果解析

（1）从角度1观察空间，其中 *BC* 和 *DE* 两面墙都是垂直面对观察点，*AB*、*CD*、*EF* 是顺着观察点的方向，与观察方向平行（图3-16）。

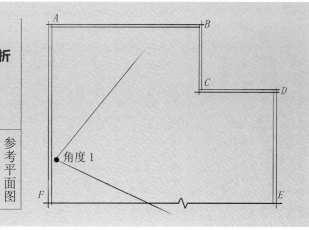

参考平面图

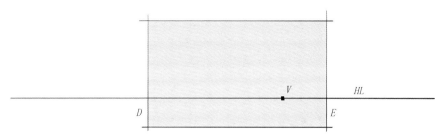

步骤一：先确定视平线 *HL*，根据平面图视点位置确定消失点 *V* 的位置。根据比例关系将 *DE* 墙体先勾勒出来

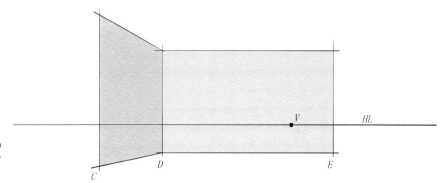

步骤二：参照 *DE* 墙体的比例关系，将 *CD* 位置确定下来，此步骤应注意 *CD* 墙体的透视关系

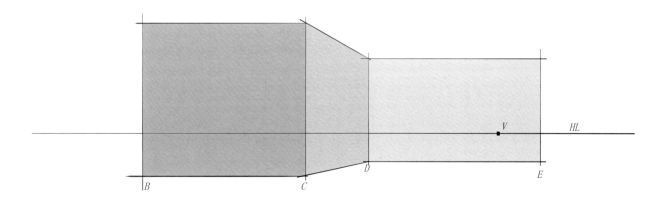

步骤三：根据平面图的比例关系，确定 *BC* 墙体的位置

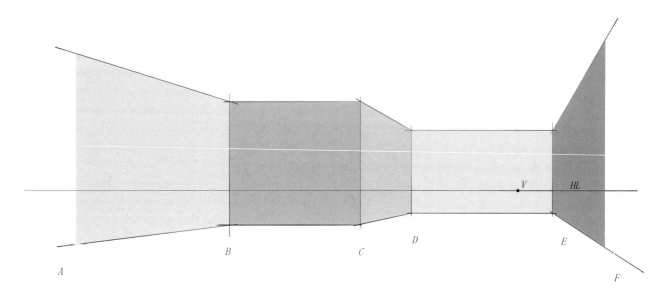

步骤四：*最后根据透视关系确定 AB 与 EF 墙体。绘画的过程中应注意一点透视的特点，近大远小、消失于同一视平线的消失点*

图 3-16 角度 1 所产生的空间（电梯走廊）效果草图

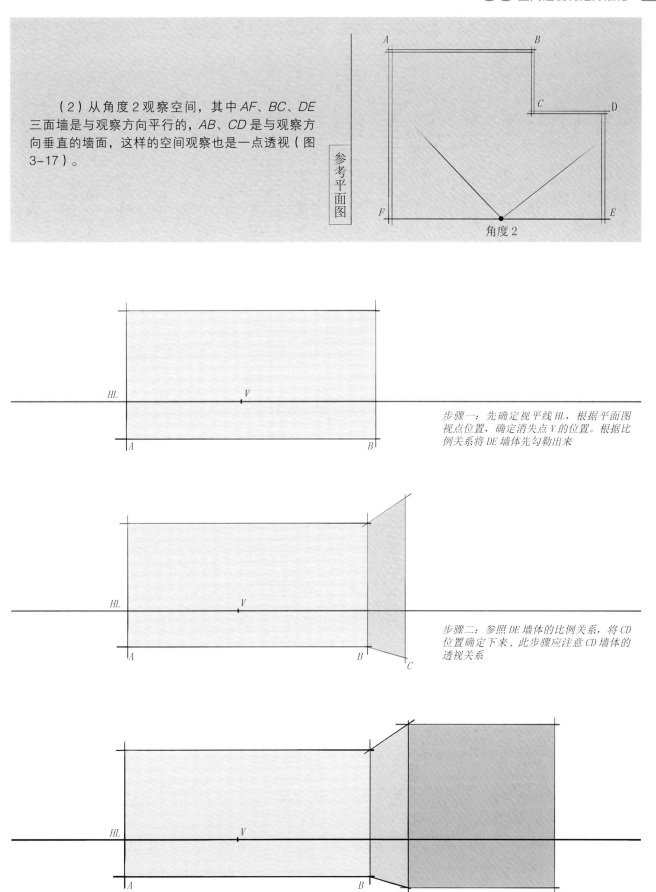

（2）从角度2观察空间，其中*AF*、*BC*、*DE*三面墙是与观察方向平行的，*AB*、*CD*是与观察方向垂直的墙面，这样的空间观察也是一点透视（图3-17）。

参考平面图

角度2

步骤一：先确定视平线*HL*，根据平面图视点位置，确定消失点*V*的位置。根据比例关系将*DE*墙体先勾勒出来

步骤二：参照*DE*墙体的比例关系，将*CD*位置确定下来，此步骤应注意*CD*墙体的透视关系

步骤三：然后根据平面图的比例关系，确定*BC*墙体的位置

57

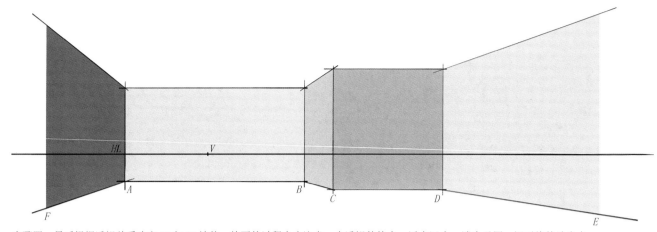

步骤四. 最后根据透视关系确定 AB 与 EF 墙体。绘画的过程中应注意一点透视的特点，近大远小、消失于同一视平线的消失点

图 3-17　角度 2 所产生的空间（专卖店）效果草图

（3）从角度 3 观察空间，没有任何一条线是与视线平行或者垂直，这样就会形成成角透视的空间。成角透视空间画面变化丰富、活泼，但有时消失点不一定在画面上，需要我们主观处理（图 3-18）。

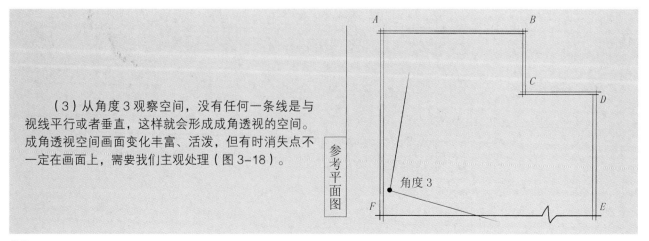

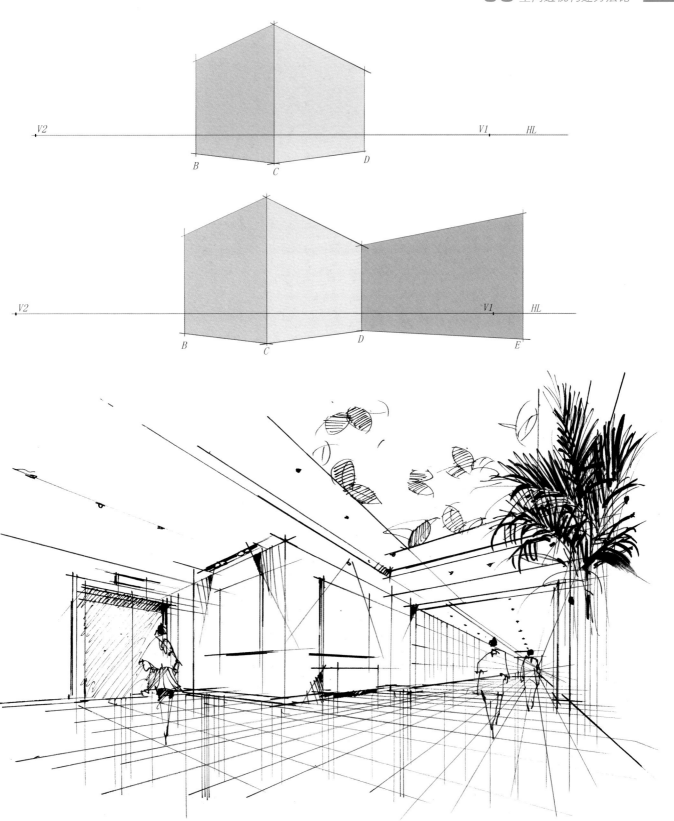

图 3-18　角度 3 所产生的空间（电梯走廊）效果草图

　　综上所述，在同一个平面图中，由于我们观察的位置不同，产生的空间感觉也不同。之所以会有一点透视或者是成角透视的类型存在，就是因为我们在实际的透视过程中，人的观察位置、角度、高度、距离等都会影响空间草图的"感觉"。这种感觉不分对错，只要保证能表达出空间的设计主体和设计要点即可。所以，由平面推演、生出空间透视图的关键是选择合理的透视角度、高度、距离等。

The **Fourth** Chapter

色　彩　部　分

第四章

　　马克笔效果图的表现是室内设计的主要环节，它通过形象化的语言表述了设计师的设计构思，空间塑造和材料工艺的综合概念。它不仅是与业主沟通的桥梁，同时也体现了设计师的艺术修养和设计意图，一直是室内设计师研究和探索的课题。

　　那接下来就让我们静下心走入手绘效果图的神秘世界中吧。

第一节 着色工具介绍

一、工具（图4-1）

1. 马克笔

马克笔（亦称"麦克笔"）是各类专业手绘表现中最常用的画具之一，其种类主要分为油性和酒精性两种。

在练习阶段我们一般选择价格相对便宜的酒精性马克笔。这类水性马克笔大约有 60 种颜色，还可以单支选购。购买时，根据个人情况最好储备 20 种以上，并以灰色调为首选，不要选择过多艳丽的颜色。

要想熟练掌握马克笔技法，首先我们得对马克笔的基本特性与笔法有基本的了解。马克笔的色彩丰富、着色简便、笔触清晰、成图迅速、种类繁多，且颜色在干湿状态变化时会随之变化，表现力极强。其中常用不同色阶的灰色系列马克笔做色彩搭配。马克笔的笔尖一般分为粗细、方圆几种类型。绘制表现图时，可以通过灵活转换角度和倾斜度画出粗细不同效果的线条和笔触来。

2. 彩色铅笔

彩色铅笔在手绘表现起了很重要的作用。无论是对概念方案、草图绘制还是成品效果图，它都不失为一种既操作简便又效果突出的优秀画具。 我们可以选购从 18 色至 48 色之间的任意类型和品牌的彩色铅笔，其中也包括"水溶性"的彩色铅笔。

3. 水彩颜料

水彩是手绘表现中最有代表性也是最常见的一种着色技法。水彩颜料色粒很细，与水溶解可显示其晶莹透明；把它一层层涂在白纸上，犹如透明的玻璃纸跌落之效果。水彩画之特点是与其他画种相比而言，油画的覆盖、厚涂形成厚重的特点，水彩颜料透明，又以薄涂保持其透明性，画面则有清澈透明之感受。用水调色，发挥水分的作用，灵活自然、滋润流畅、淋漓痛快、韵味无尽。

4. 其他工具

建筑表现上色包含的工具种类很多，包括涂改液、卷笔帘等工具，初学者不是很常用，但要想画出好的手绘，最好多准备些绘画工具，以便得心应手。

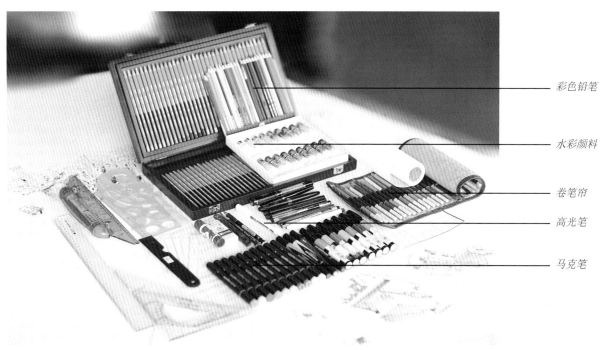

彩色铅笔

水彩颜料

卷笔帘

高光笔

马克笔

图 4-1 手绘工具介绍

图 4-2 是色光和色彩色相环，色光的"三原色"为"红光""绿光""蓝光"（RGB色）色彩的"混合三原色"，即红（R）、黄（Y）、蓝（B）。如果把这三种颜色以等量的比例混合，则一切的色彩都会被吸收，而变成黑色。其余两两相加就会生成第三种颜色，这种颜色理论在实际应用中对于马克笔上色也是适用的，马克笔调色是非常困难的，要想调准颜色除了多买些不同色号的笔外就只有要靠自己多加体会颜色间细微的差别。

在马克笔笔触的表达中，直线运笔是最难把握的，要注意起笔和收笔力度要轻要均匀，下笔要果断，才不至于出现蛇形线。马克笔的笔头要完全着到纸上面，这样线条才会平稳、流畅。如果要表现一些笔触变化，丰富画面的层次和效果，就一定要等第一遍干后再画第二遍，否则颜色会溶在一起，画面会产生"脏"的感觉（图 4-3）。

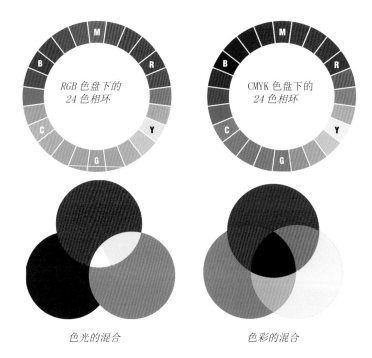

色光的混合 　　　　　色彩的混合

图 4-2　色光与色彩的基本原理

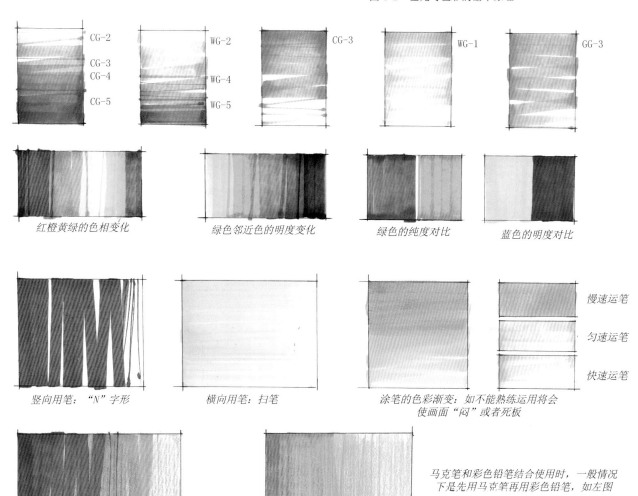

图 4-3　马克笔笔触和彩铅的基本用法　作者：孙大野

第二节 室内体块与材质色彩表达

用一到两支马克笔塑造出几何单体的明暗关系、黑白灰关系是练习建筑马克笔体块初期的常见练习方法；用笔颜色的轻重、笔触次数的叠加都直接影响到画面的表达效果。几何物体的笔触排练也要按照透视变化来，排列对于受光面反光面，笔触更加明显。注意体块和体块之间的光影关系和投影的变化（图4-4）。

马克笔单体上色练习时，面与面之间明暗对比要强烈，要区分开来，投影以及光影关系要清晰明确，投影也需要做一点变化使得画面不会呆板。单体的上色其实很简单，物体也不需要太多笔墨；明暗的对比只靠一支笔来区分也是可以的，受光面基本可以留白，也可以很清淡地扫一层颜色；在暗面的时候可以多回两笔来产生对比，对于面积较大的暗部也可以用一些适当的变化来丰富面画。用笔在画面中停留时间的长短等方式来产生变化，最后的结构线和明暗转折线部分可以强调一下，这样使物体更加清晰明朗（图4-5）。

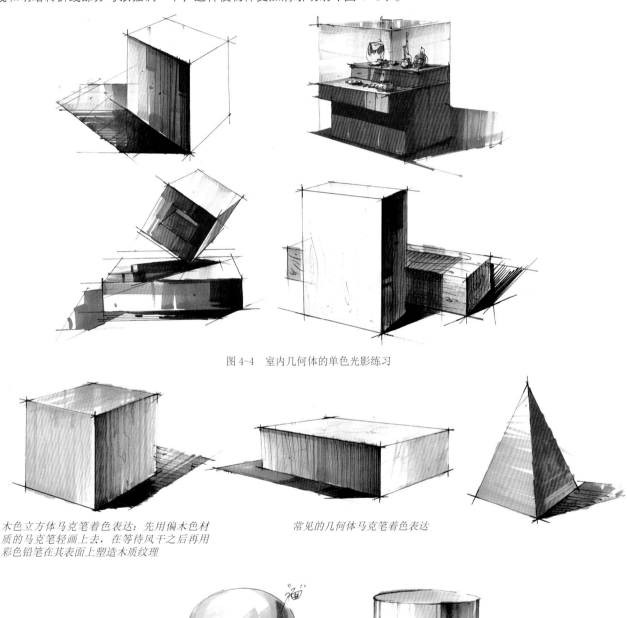

图4-4 室内几何体的单色光影练习

木色立方体马克笔着色表达：先用偏木色材质的马克笔轻画上去，在等待风干之后再用彩色铅笔在其表面上塑造木质纹理

常见的几何体马克笔着色表达

圆柱形物体要注意其曲面的明暗转折变化，明暗交界线要清晰明确，如左图

图4-5 马克笔体块色彩练习 作者：孙大野

63

一、马克笔笔触在空间中的变化

马克笔表现与水彩表现的技法接近，也分干画法和湿画法，步骤多以深色叠加浅色，否则浅色会稀释深色而使画面变脏。但有时也需要由浅色叠加深色形成溶色效果。同一支马克笔每叠加一遍色彩就会加重一级（三遍后就基本没变化了）。应尽量避免不同色系的笔大面积叠加，如黄和蓝、红和蓝、暖灰和冷灰等等，否则色彩会变浊，且显得很脏（图4-6）。

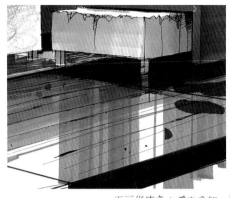  

干画指底色十透冉叠加，这时有明显的笔触效果，多表现特殊质感纹理和硬性材质的光感、倒影等

湿画指底色未干时马上画第二遍，两种色彩有相溶效果，没有生硬的笔触感。浅色叠加深色时融合会更自然细腻些

球体运笔　　　　　　　　　　连笔湿画　　　　　　　　　　排笔过渡

  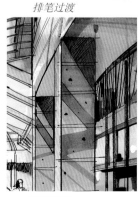

快速笔触　　　　　　　湿笔触过渡　　　　　　　干湿结合　　　　　　　暖色混搭

图4-6　马克笔笔触表现

二、马克笔形体塑造、虚实过渡和特殊手法

巧妙地运用色彩，能使作品增加光彩，给人的印象更强烈、更深刻，塑造的艺术形象能更真实，更准确地表现生活和反映现实（图4-7）。

图4-7 配饰马克笔表现 作者：杨健

严谨的马克笔表现图要注意每个面的虚实过渡变化，哪怕是最小的饰品。大体块的天花，墙面和地面是空间感的重要体现部位，可以从远到近深浅过渡，也可以从近到远过渡，结合画面场景氛围和画面需要综合考虑，灵活处理。墙面和物体的立面还要注意上下的过渡，此时要根据光源来确定。受光面是上浅下深过渡，背光面则刚好相反（图4-8）。

图4-8 局部空间马克笔表现 作者：陈红卫

有时候画面也需要尝试一些特殊的处理手法，如表现酒吧灯光照射的效果时，在马克笔内注入一定量的酒精等溶剂，稍等片刻后快速涂到所要表现的部分，等快干时再同色叠加刻画明暗关系，完全干透后对深色做阴影处理（图4-9）。

图 4-9　酒吧局部马克笔表现　作者：陈红卫

第三节　彩铅的表现方法

彩色铅笔是手绘表现中常用的工具。彩铅的优点在于画面细节处理：如灯光色彩的过渡、材质的纹理表现等。但因其颗粒感较强，对于光滑质感的表现稍差，如玻璃、石材、亮面漆等。使用彩铅作画时要注意空间感的处理和材质的准确表达，避免画面太艳或太灰。由于彩铅色彩叠加次数多了画面会发腻，所以用色要准确、下笔要果断。尽量一遍达到画面所需要的大效果，然后再深入调整刻画细部。

彩铅的基本画法分为平涂和排线。结合素描的线条来进行塑造。由于彩铅有一定的笔触，所以，在排线平涂的时候，要注意线条的方向，要有一定的规律，轻重也要适度。因为蜡质彩铅为半透明材料，所以上色时按先浅色后深色的顺序，否则会深色上翻。

一、彩铅笔触表现（图4-10）

图 4-10　彩铅笔触练习

二、彩铅表现效果（图4-11、图4-12）

图 4-11　彩铅背景墙表现　作者：陈红卫

步骤一：考虑空间的整体的关系，选择空间中的视觉中心；做到心中有数为彩铅着色做充分准备

步骤二：用灵活多变的笔触，把对空间色彩起决定作用的大色块表现出来，同时需要注意物体之间不同质感的表现

步骤二：开始调整平衡度和疏密关系，注意整体的环境色，最后把空间中的植物等配饰表现出来，以起到进一步衬托的作用

图 4-12　卧室彩铅表现　作者：孙大野

三、彩铅与马克笔结合表现

　　彩色铅笔与马克笔结合使用时，通常情况下，先使用马克笔进行着色，再用彩铅来塑造，这样的原因在于：马克笔是溶剂型的颜色，会溶入纸张中，如果先用彩铅后用马克笔着色的话，铅粉不易"溶"入纸中，会黏附在纸的表面上，如再用马克笔的话，极易弄脏画面和彩铅之前画的笔触和肌理的质感。

　　当然，特殊情况时，也可先使用彩铅，再用马克笔对其进行塑造（图4-13）。

线稿的马克笔表现效果　　作者：孙大野

客厅局部表现　　作者：陈红卫
图4-13

第四节　水彩的表现方法

　　水彩表现效果图的特点是：色彩变化丰富细腻、轻快透明、易于营造光感层次和氛围渲染，且材料廉价易得，技法简单易学，绘制便捷快速，尤其适宜与其他工具材料的结合使用。

　　作为一种设计表现形式，水彩快速表现明显有别于水彩绘画艺术，它只是借助水彩颜料和部分水彩画技法表达和传递设计理念，其本源目的仍然是设计思想的理性表达，侧重于空间结构与材质的表现；而不完全是水彩绘画艺术侧重的感性艺术欣赏，所以水彩表现并不一定要求严谨深入地探究纯艺术水彩绘画的概念性和学术性；尤其在实际表现过程中钢笔、彩色铅笔甚至马克笔等工具材料的结合使用，越发淡化了纯粹水彩画的概念，使其成了独具特色的"水彩设计表现图"（图4-14、图4-15）。

图 4-14　水彩空间表现　作者：陈红卫

图 4-15　水彩空间表现　作者：欧阳乐

第五节　不同的材质表现

一、木质

　　木材装饰包括原木和仿木质装饰，由于肌理不同材质种类也是多样，单是黑胡桃同类的木材色泽和纹理也不尽相同，有的黑褐色，木纹呈波浪曲线，有的如虎纹，色泽鲜明，具体作画时应注意木材色泽和纹理特性，以提高画面真实感，手绘表现的木质材质主要是木质家具、木质装饰墙面为主。木质表面主要是亚光与亮光效果（图4-16～图4-18）。

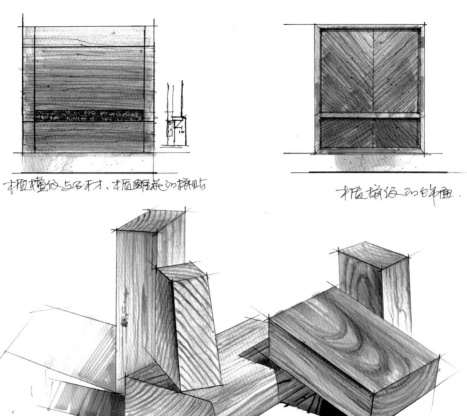

图4-16　木质纹理表现

图4-17　木质家具表现

图 4-18　木质隔断、木质墙体、木门表现

二、玻璃与镜面

　　玻璃在空间设计里经常出现，质感效果有透明的清玻璃、半透明的镀膜和不透明的镜面玻璃。在表现透明玻璃时，先把玻璃后的物体刻画出来（注意此时不要因顾及玻璃材质而弱化处理玻璃后面的物体），然后将玻璃后的物体用灰色降低纯度，最后用彩铅淡淡涂出玻璃自身的浅绿色和因受反光影响而产生的环境色。

　　镀膜玻璃在表现的过程中除了有通透的感觉外，还要注意镜面的反光效果。镜面玻璃表现则要注重环境色彩和环境物体的映射关系，但在表现镜面映射影像时需要把握好"度"，刻画不能过于真实，否则画面会缺乏整体感（图4-19～图4-21）。

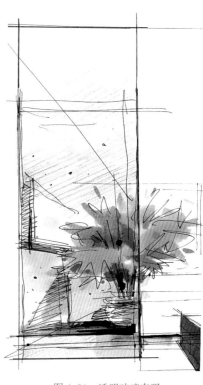

图 4-19　镜面玻璃表现　　　　　　图 4-20　透明玻璃表现　　　　　　图 4-21　透明玻璃表现

三、石材

在室内设计中大量使用的石材多是抛光的大理石和花岗石以及瓷砖，石材表现光洁平滑，质地坚硬，色彩变化丰富。以瓷砖、大理石为例，是室内特别是家居装饰的主要材料，所以对瓷砖的表现在家居效果图中尤为重要（图4-22）。

步骤一：首先要确定好空间的整体空间氛围，用浅色马克笔将空间整体上色，要注意空间材质（墙面的米黄色大理石和前台的大花白理石）等基本特点与光影关系的整体性，整体空间内物体的固有色在第一步就要考虑清晰

步骤二：加入一些陈设配饰使空间内容更丰富，同时对局部加入一些重色，增加画面的体积感。对材质进行进一步刻画，并充分考虑石材的特点及纹理，以及地面石材的反光等特点，加强材质的属性

步骤三：最后对画面进行整体的深入刻画，强调画面的空间感及色彩关系。空间整体为暖色调，在远景加入一些冷色形成冷暖的对比关系。加入一些重色调整画面的明暗关系，重点突出空间关系、材质关系、光影关系等

图 4-22 石材表现 作者：陈红卫

四、织物

　　织物有着缤纷的色彩，在具体装饰中可使空间丰富多彩，织物主要是地毯、窗帘、桌布、床单、抱枕等，柔软的质地、明快的色彩使室内氛围亲切、自然。表达不同的材质用笔应有变化，以体现织物的华贵、朴素等感觉；画面可运用轻松、活泼的笔触表现柔软的质感，与其他硬材质形成一定的差异，纺材效果表现富有艺术感染力和视觉冲击力，这样才能调节空间的色彩与场所的气氛（图4–23）。

图4-23　桌布马克笔表现　作者：杨健

五、墙面

墙面在室内空间表达中非常重要，从类别可以分为材质墙面和无材质的墙面，材质的墙面有木质、玻璃、墙纸纹理等，这类型的墙面都可以按照材质表现的方法去表现。无材质墙面以白色为主，在空间以衬托或者与空间物体相呼应，表现时需要看整体空间的色调去配颜色，也可以留白，同时也需考虑光源（图 4-24）。

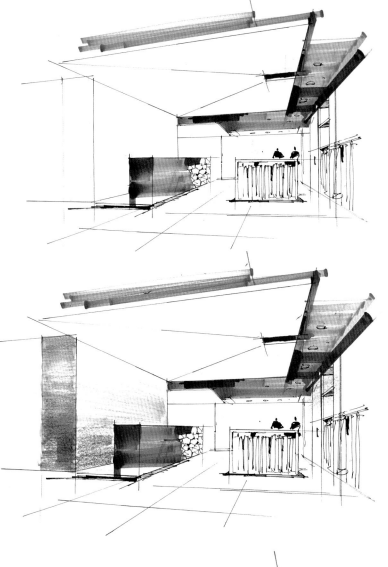

步骤一：确定好空间的色彩氛围，从顶面与吧台开始进行上色，注意顶面的"变化"，不要涂太满。吧台为大理石材质，注意与顶面的区分，考虑好材质的刻画

步骤二：逐步进行空间的刻画，墙面的纹理可以采用马克笔与彩铅结合的处理手法，这样的表现更有肌理感，注意考虑灯光氛围的营造，以及墙面的渐变处理

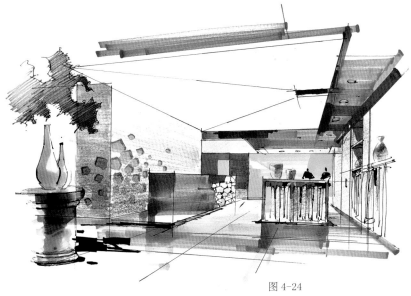

步骤三：最后将地面材质快速表达，注意色彩的渐变处理。适当地增加一些近景的陈设，使空间感更强。同时对墙面的肌理进行刻画，最后调整画面的整体关系

图 4-24

六、金属、重色材质的表现

深色金属材质表现比较难把握。黑色材质受光和环境影响会产生变化，比如强反射的喷漆玻璃、亮光、金属和石材，在表现时至少要有四个步骤才可以表现出它的质感和变化。第一步中灰平涂；第二步深灰处理，色调变化；第三步用黑色处理暗部；第四步用彩铅表现环境色。漫反射的亚光漆，丝织物或壁纸等，三个步骤就行：深灰—黑色—环境色（图4-25）。

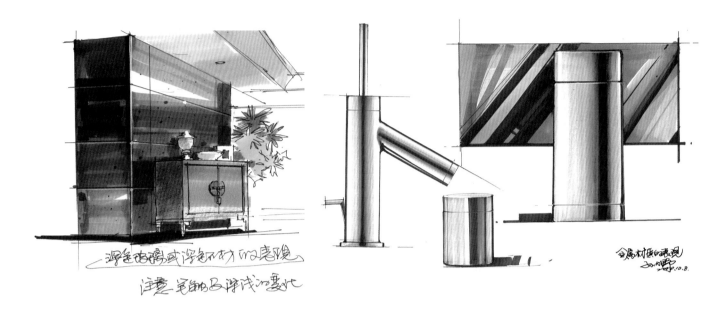

图4-25　深色大理石和金属材质的表现方法

七、灯光

光分为两类：一是自然光，二是人工光源，两者的合理运用创造出了很多优秀的作品。自然光对室内色彩的影响不大，在自然光下，室内色彩基本显现其固有色。一天当中日光的色温是不断变化的，清晨和傍晚相对于正午来说，光色是偏黄红的，但日光的色温变化不大且相对缓慢延续，所以室内色彩的变化不大。在表现日光时主要是表现物体的暗部色彩和物体的投影，因为这些面的色彩变化较多。往往受光面是一种暖色，暗部和投影有冷、暖的变化（大感觉还是偏冷调）。当然，无论是室外自然光还是室内灯光，所投出的阴影轮廓，一定要注意透视关系。室内灯光的表现主要有三种：灯带、筒灯和娱乐场所的投光灯。灯带表现的步骤是从浅到深晕染，注意叠加色彩反差不要太大。壁灯、筒灯光的表现是第一遍平涂，快干时留出灯光轮廓，其他地方加重。投光灯的光束表现也很简单，发光点区域留白，剩余部分淡淡涂色，然后把光束背景涂重。这和室内光感的刻画用背景重色衬托的方法相一致，也就是说所有的光效果表现都是由深色的背景衬托出来的（图4-26～图4-31）。

  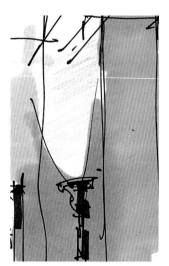

图4-26　壁灯光表现　　　　图4-27　台灯光表现　　　　图4-28　壁灯光表现

图 4-29　射灯表现

图 4-30　暗藏灯带光表现

图 4-31　组合射灯表现

八、材质、灯光等在室内空间中的综合运用

案例表现见图 4-32、图 4-33。

图 4-32　玻璃、墙面、木质隔断综合马克笔表现

步骤一：确定一个主色调从浅色开始着手，铺设画面大体的色调

步骤二：描绘出画面的黑白灰关系，将不同物体的材质深入表现出来

步骤三：调整画面的明暗关系，深入刻画。注意视觉中心、虚实关系、光影关系

图4-33　综合材质马克笔表现　作者：沙沛

第六节　陈设、配饰马克笔表现

　　室内设计根据不同的使用性质和环境来划分不同的功能空间，科学合理地创造出舒适优美、满足人们物质和精神生活需要的室内环境，并让这一空间环境既具有使用价值，满足相应的功能要求，同时又能反映不同的历史文脉、文化品位，营造出不同的精神氛围和艺术内涵。在室内空间的表现中，除了把握空间尺度、透视关系的准确性外，需要表现的室内布置物件和陈设配饰可谓包罗万象、数不胜数，但可大致归纳为：功能家具及用品、陈设饰件、配饰植物及小品等几类，这些物件共同组成了室内空间表现的要素。

　　在基础表现训练阶段，可分类做一些单体练习和家具陈设组合练习，如：不同类型、不同颜色不同式样的沙发、桌椅、床柜、灯具、布艺织物等。平时还应注意多搜集素材，练习各种式样的陈设饰件、配饰植物及配饰小品的表现技法，在日后的室内空间表现图中，适当地、合理巧妙地配置一些装饰植物和配饰小品，往往能起到调节画面、烘托氛围的辅助作用。

　　掌握了马克笔特性之后，便可以尝试给具体的陈设上色了。本节内容需要结合前面章节里马克笔用色及塑造能力谈的内容来进行。

　　在对陈设配饰进行着色表现时最重要的是保持轻松自然的心态，不必拘谨，但也要受具体形体的约束。色彩是为形体服务的，因此说，"色彩应该画在形体上，不应该画在纸上"，应该让色彩具有说服力和表现力，通过色彩的表现，让形体真正地在画面上凸显出来（图4-34）。

　　上色时该注意以下几点：

　　（1）用笔要遵循形体的结构，这样才能够充分地表现出形体感。

　　（2）用色要概括，要有整体上色概念，笔触的走向应该统一，特别是用马克笔上色，应该注意笔触间的排列和秩序，以体现笔触本身的美感，不可画得凌乱无序。

　　（3）形体的颜色不要画得太"满"，特别是形体之间的用色，要有主次和区别，要敢于留白，颜色也要注意有大致的过渡变化，以避免呆板和沉闷。

　　（4）用色不可杂乱，要用最少的颜色画出最丰富的效果。同时，用色不可"火气"，要"温和"，要有整体的色调概念，中性色和灰色是画面的灵魂。

　　（5）画面不可太灰，要有虚实和黑白灰的关系，黑色和白色是"金"，很容易画出效果，但要慎用。

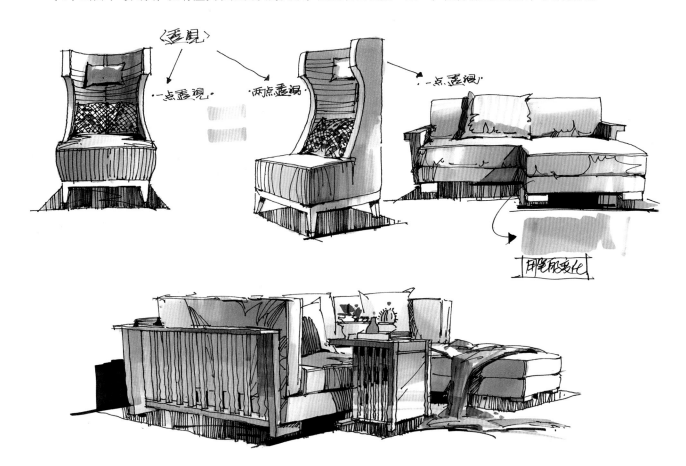

图4-34　单体沙发马克笔表现　作者：杨健

一、单体沙发及沙发组合

图 4-35 中这款欧式沙发看似复杂，其实只要抓住大致的比例关系、形体特征后就比较好表现了。

表现时也是先从整体入手，先画大致透视关系、造型特征，再稍做细部刻画即可。

在上色的时候，要注意先整体再局部的原则，同时需注意颜色和质感变化。

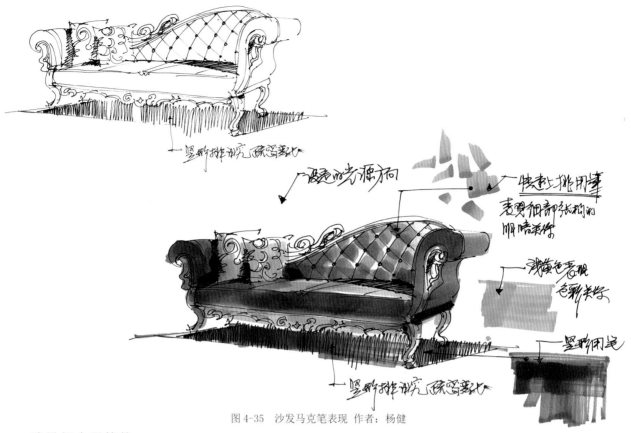

图 4-35　沙发马克笔表现　作者：杨健

陈设组合训练的目的是逐步培养场景感，为将来的整体表现做准备。组合训练是将单体放在一起进行排设组合，这要求单体造型准确、组合要有透视感，表现时还要对多个单体进行虚实处理。陈设组合形成了一个客厅的一点透视场景，场景里其他陈设和摆件丰富，为空间增添了生活趣味。

上色时故意拉开了物体间的关系，如明暗关系、虚实关系、颜色的冷暖关系，前景处的摆件及茶几的受光面效果突出，与沙发间形成了明确的层次，富有空间感（图 4-36）。

图 4-36　沙发、茶几组合马克笔表现　作者：杨健

陈设组合上色练习中，整幅画面都以暖色系为主，在局部如抱枕、器瓶、布艺等局部用冷色对整幅画面进行调节。让整幅画面在色彩上达到统一，又在局部用色彩对比让画面色彩更加丰富。在整体和局部都要考虑细微的明暗关系处理。在最暗的地方可以用重色去表达，使画面更加稳重，明暗关系更加和谐（图4-37）。

图 4-37 沙发、茶几组合表现 作者：邓蒲兵

两点透视的客厅陈设组合，整幅画面用笔轻快，视觉中心突出，虚实处理得当，冷暖对比协调，画面中茶几上鲜艳的配饰和投影的重色一起让画面增加了一个层次（图4-38）。

图 4-38 沙发、茶几组合表现 作者：邓蒲兵

组合表现，已经基本凸显了空间的文化氛围，室内空间有很多小饰物，是体现室内氛围的重要组成部分。但是一定要表现出不同物体的不同质感（图4-39）。

图 4-39 沙发组合表现 作者：邓蒲兵

在空间中往往存在许多同类或相类似的物体，在表现时务必要有所区别不仅仅是前后虚实的区分，更重要的是环境色，投影面积等细节的区分（如图4-40）。

图 4-40 沙发组合表现 作者：邓蒲兵

二、卧室空间（局部）

上色时先要考虑色调的运用，表现以蓝色为主调，但十分讲究蓝色间的变化，由于对象较为复杂，特别要注意画面的丰富性与整体性统一，再就是要处理好画面的主次关系和虚实关系，本图右下角为画面的"虚"处。其实床相对于其他陈设外形是最简单的，几乎是"方体"，但主要是把床上用品画好，一般来说是先将外形画准确后，再画床上用品，注意用线不可生硬，要表现其舒适感，这张床就是先从外形画起的。具体步骤是先画黑白线稿，画的时候也是从外轮廓入手，要留意床以及床上用品的形态以及线条的转折关系，床的外形和透视确定之后，再画床上用品以及其他内部结构（图4-41）。

步骤一：用钢笔将设计好的空间勾勒出来，刻画时注意透视准确，细节到位。强调明暗关系与投影，构图饱满，避免画面空洞

步骤二：考虑好整体空间色彩关系，先从空间主体的床体进行上色，应注意结构的变化

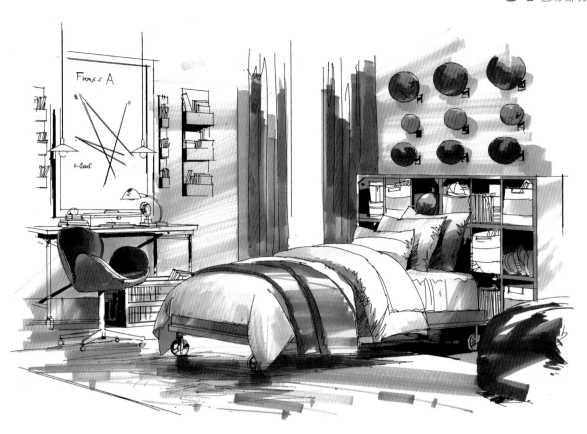

步骤三：铺设画面大体色块，描绘出画面黑白灰的关系，将物体的材质深入表现出来

步骤四：调整画面的对比关系，局部加一些重色，同时处理一些窗外的远景，增加画面的空间感

图 4-41 卧室组合 作者：王姜

三、桌椅

中式家具除线条流畅外，另一特征是质感坚硬而有光泽，这个特征在上色的时候要做到心中有数，在颜色的运用上讲究色彩变化和光泽的表现，多点位的留白运用，强调了光泽感（图4-42、图4-43）。

图 4-42 桌椅马克笔表现

图 4-43 桌椅组合表现

四、室内植物

室内植物多为盆栽的观赏绿植，常见的有：吊兰、绿萝、棕竹、常青藤、文竹、虎尾兰等表现时先用马克笔直接上色，笔触随植物的变化和穿插而变化，注重植物的大致节奏和方向性，之后再适当用钢笔勾线即可。

树叶表现得极为自然、飘逸，形态也刻画得极为茂盛、丰满，叶片的层次感也表现得极为丰富（图4-44）。

图4-44 室内植物表现

南方特有的花卉三角梅，颜色艳而不俗，显得特别干净和耀眼，其花瓣较小，很适合用马克笔的小笔触来表现，但不能画得零碎无章，任何花卉都有聚散关系，要注意这些对比和疏密。

这两幅花卉，随意画成，并没有具体对象名称，只是画出了印象中的花卉形态，这点对于表现来说并不重要，重要的是要画出花卉的形态以及花卉之间的组合关系、花卉的相互对比关系及整个花卉造型的边缘姿态（图4-45）。

图4-45 花卉三角梅 作者：杨健

五、茶几与柜类

图中茶几都是以木色为固有色，左图以平涂技法为主，右上图在平涂的基础上体现了马克笔笔触。这两种方式都反映我们对物体明暗关系的理解。更多的强调在于桌布和茶几的配色，左下图用了冷暖对比搭配，右下图用了同色系搭配，都可以表达非常好的效果。在表现颜色搭配上大家都可以尝试使用。

茶几是空间的重要陈设，特别是在家居空间里占有主要位置，因而要细心练习。要领如下：

（1）搜索各种茶几的造型及样式；

（2）要加强茶几上陈设搭配，样式新颖，装饰风格统一，品位高雅为佳；

（3）重点强调其余空间的关系，如：与地面的投影关系。

要点：茶几的边缘线应画得坚挺硬朗，茶几面不宜画得颜色过深，因其为受光面，要用浅色马克笔竖形轻快用笔，以突出其光泽感（图4-46）。

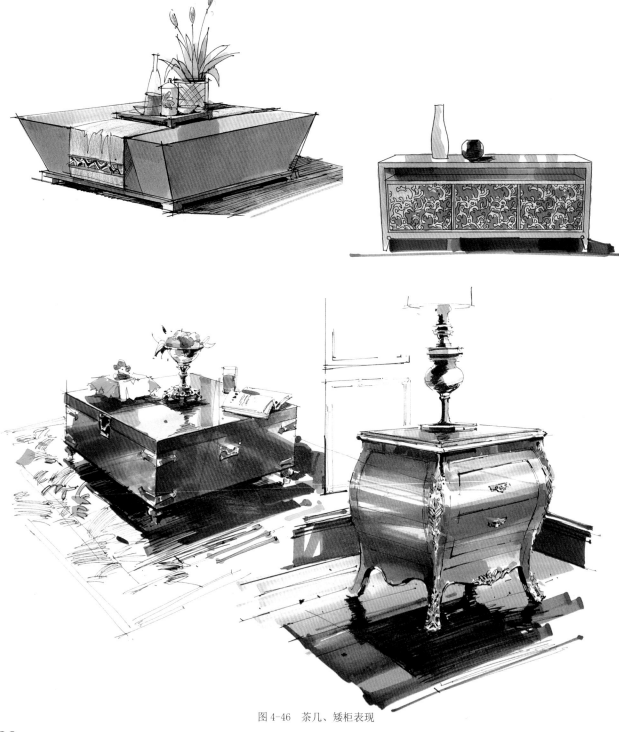

图4-46　茶几、矮柜表现

茶几表现步骤见图（图4-47）。

在绘制家具陈设等物体时，要注意形体的比例、造型、透视关系以及设计风格样式等，严谨的线稿是马克笔着色的前提

步骤一：先选择物体的主要色调运用灵活快速的笔触

步骤二：把茶几的黑白灰几个面表现出来，用重色将桌布的形态表现出来

步骤三：用灵活生动的笔触将桌面植物等配饰的不同形态表现出来

步骤四：强调黑白关系，用彩铅把物体的质感和环境色再深入凸显

图4-47 茶几、矮柜表现 作者：邓蒲兵

六、其他陈设及陈设组合

陈设组合在马克笔用色方面注意陈设样式的统一性，陈设固有色的表现与运用十分重要，要特别留意其本身与环境搭配的空间感觉，用生动灵活的笔触使画面活泼耐看（图4-48）。

图4-48 沙发陈设组合 作者：杨健

在陈设组合表现中，马克笔的重点是强调色彩关系，注意微妙的色彩冷暖变化，特别是在暗部的色彩；即使在暗面也很有颜色感、通透感。图中所示的绿色沙发明暗分明，颜色极富表现力，也极具华丽性（如图4-49）。

图4-49 沙发陈设组合 作者：杨健

左图这个陈设组合从表现上来讲，画面整体性强，细节的表现也较为出彩。整张图的色调统一和谐。由于上色时就充分考虑到了整体性与色彩的丰富性两者的关系，如沙发上的红色抱枕以及红色的布艺在画面里并不突兀，反而增强了画面的色感，地面上的木质箱体的三个面的明暗关系以及色彩关系也处理得恰到好处，箱体上的摆件也显得十分突出，整个画面的色彩明亮而透彻（如图4-50）。

图4-50 红色陈设组合 作者：杨健

右图茶几上的花卉处在逆光中，因而整个形体相对于背景处的窗户用色较暗，这也是逆光下物体的色彩特征；值得留意的是近处茶几的受光面有暖色和冷色变化，暖色是茶几的固有色，冷色是天光色，也是环境色。除此之外，茶几面的垂直用笔既表现了反射效果又突出了茶几表面的光泽感（如图4-51）。

图4-51 背光茶几陈设组合 作者：杨健

图 4-52 为家具陈设步骤图。

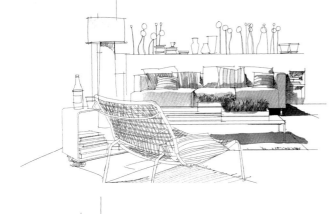

步骤一：选择适当的颜色用轻快放松的笔触将抱枕和室内的植物表现出来，表现抱枕时注意要将抱枕的饱满柔软表现出来

步骤二：在明确主体色调后开始大面积铺色，将前景表现出来，此时需注意前后景的关系。适当加入环境色，将画面的明暗及色彩的对比加强，刻画物体的材质及投影

步骤三：深入刻画细节和整个空间，进一步强化家居陈设材质整体的光影关系和虚实关系。画面达到整体、完整后即可完成

图 4-52　客厅陈设组合　作者：邓蒲兵

图 4-53 为家具陈设组合马克笔着色步骤解析。

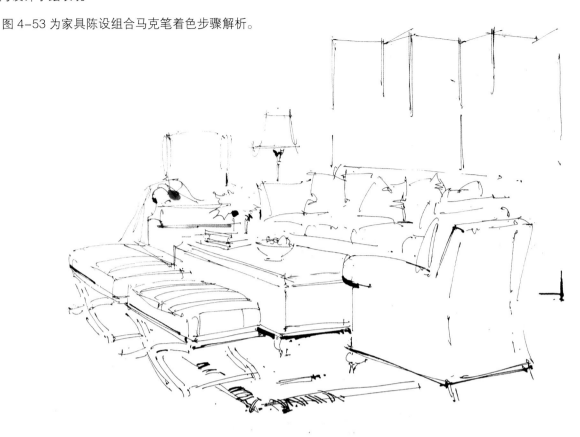

步骤一：用钢笔将设计好的空间勾勒出来，刻画时注意透视准确，细节到位。强调明暗关系与投影，构图饱满，避免画面空洞

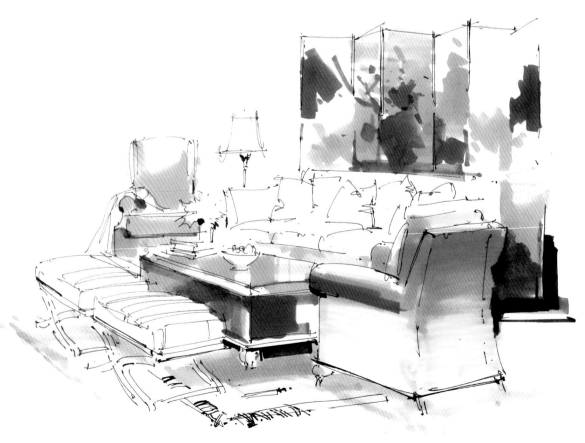

步骤二：确定画面的基调，从明暗交界的地方开始刻画，画的时候注意不要一次画得太深，同时注意渐变的过渡关系

步骤三：进一步刻画画面主体色调，逐步进行深入刻画出画面的"黑白灰"关系以及投影关系，以固有色为主，尽量做到色彩统一，用笔整体

步骤四：用灵活的笔触刻画画面细节，调整画面的整体关系，务必达到整体统一

图 4-53　局部空间马克笔表现　作者：沙沛

陈设画法总结：

本章节用了较大的篇幅重点列举了手绘中的一些常用陈设及相关对象图例，并对一些基本画法作了介绍，目的一是希望起到学习的指导作用，二是表明了陈设在手绘设计图中的重要性。需要说明的是，这些陈设的表现只是一般性的常规画法，在这里提出只是起到了技术性的提示和引导作用，需要读者自己通过不断的练习才能够熟悉掌握。随着时代发展，室内陈设产品不断更新，这就要求我们需要不断地学习一些新的陈设式样，并且通过积累在脑子里形成一个陈设素材库，便于以后随时随地拿出来运用。另外，这些陈设及相关的图例在画法上也只是"一家之言"，况且画无定法，在遵循画法规律的前提下，读者要多总结一些自己的技法才可真正达到 "烂熟于心"的目的。

颜色也宜轻勿重，避免喧宾夺主。只有这样练习陈设表现，才能准确、熟练地把它们放到你要表现的设计空间中去。另外，工艺品摆件、挂件、布艺、植物、花卉等都属于需要勤加练习的对象，这些在当今软装陈设时代里尤为重要，不可忽视。我们在练习陈设表现时要克服急躁心理，要循序渐进过好基础关。练习时不必急于上色，要先画大量的线稿，等用线熟练和表现准确时再练习上色。

颜色对于陈设表现十分重要，这里需要注意两个方面的问题：一是颜色本身的运用规律问题；二是对马克笔颜色特征以及工具特性的掌握问题。前者需要具备一定的色彩理论基础，比如色调、色彩表达等，但仅仅有色彩理论还不够，必须不断地实践才能理解运用。通常，颜色在手绘表现中似乎只是起补充作用，但是，我们对于手绘的要求应该达到一定的艺术高度，最大限度地提高其表现性。基于此，本章节才大篇幅地对此进行系统讲解。掌握好马克笔颜色特征及工具特性是色彩表现的关键所在，也是画好手绘的重中之重，这就要求我们必须多看、多画才行。手绘并无捷径可走，热爱和坚持才是唯一的途径。

图 4-54、图 4-55 为优秀的室内陈设表现案例。

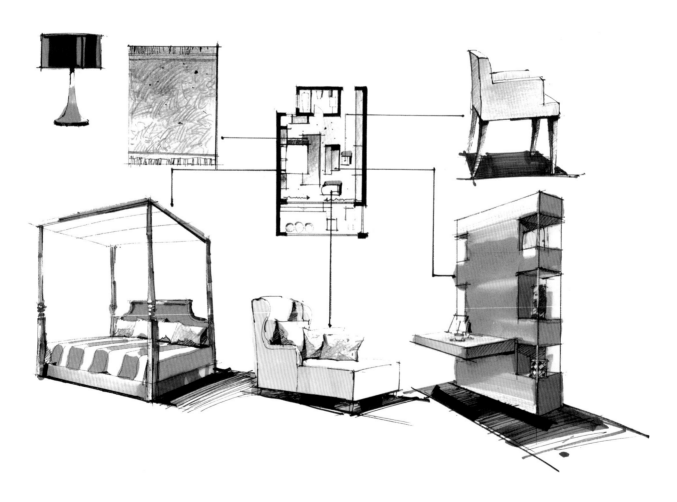

图 4-54　室内陈设　作者：邓蒲兵

图 4-55　家具陈设组合表现

七、局部空间马克笔表现

室内空间感通常用拉开景深的手法来处理，如色彩冷暖变化，远近虚实变化，明暗过渡变化等。

以色彩冷暖变化处理空间感是与设计理念紧密相连的，是真实的质感色彩表达。而以远近虚实变化处理空间中的设计重点，其他结果和物体都弱化。明暗过渡是指光的表现，不同的材质在光的影响下都会产生变化，室内光的效果是固定的而在日光影响下空间会产生多种变化，这种变化多体现于天花和墙面，在空间感的处理中有远深近浅，远近浅中间深，远浅近深等（图4-56）。

图4-56　局部空间马克笔表现　作者：尚龙勇

图中从整体配色，由于是小空间所以更要注意相似颜色的区别，只有这样才可以将空间的前后关系表现出来，整幅画面的亮点是暗部及留白，在暗部用重色把物体衬托出来，亮部留白让光源更加突出（图4-57）。

图4-57　局部空间马克笔表现　作者：尚龙勇

图中用暖灰色主导整幅画面。在同类色表达中将物体与物体之间的色彩分开。特别在一些局部细微之处精心刻画，让画面更加细腻（如图4-58）。

图4-58　局部空间马克笔表现　作者：陈红卫

第七节　室内平立面上色

一、马克笔平面图

　　用马克笔给平面图上色，能够增加功能分区上的辨认性，还可以用来表现材质、光感、植物的不同种类。平面图作为所有的图纸中最具有技术含量的一张图纸，通过色彩、材质、肌理、暗部、投影的运用，能让一张平面图更加易读好懂。

　　马克笔平面图绘制要点：

　　（1）光源的确定：只有确定画面的主要光源后，才能找到物体间的明暗关系。

　　（2）明暗关系：阴影的添加要有统一性，这样可以让平面图立刻产生三维的立体感。

　　（3）光感与材质等细节的刻画，能让画面更加精致（图4-59）。

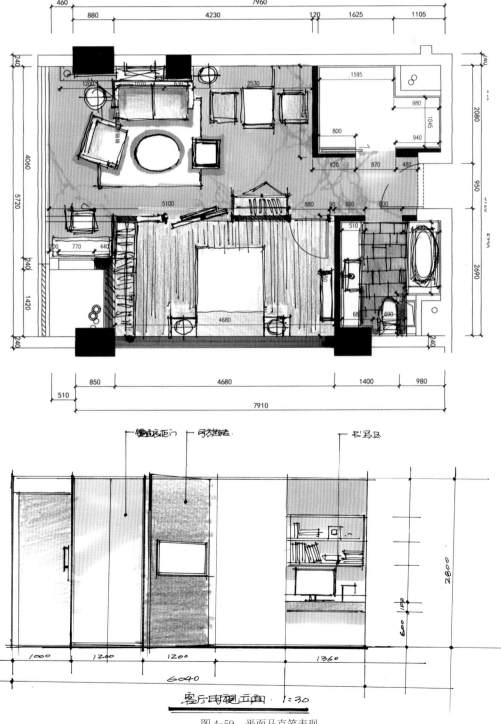

图 4-59　平面马克笔表现

二、彩铅平面图（图4-60）

吕氏 3F 平面图

吕氏 1F 平面图

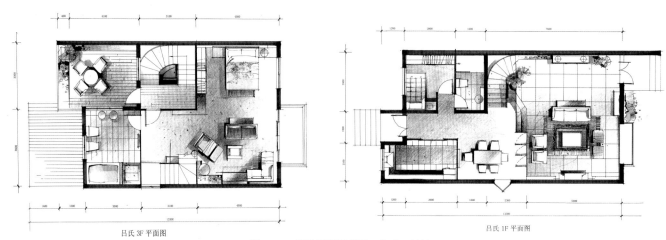

图 4-60　彩铅平面图表现　作者：沙沛

三、彩铅结合马克笔立面图（图4-61）

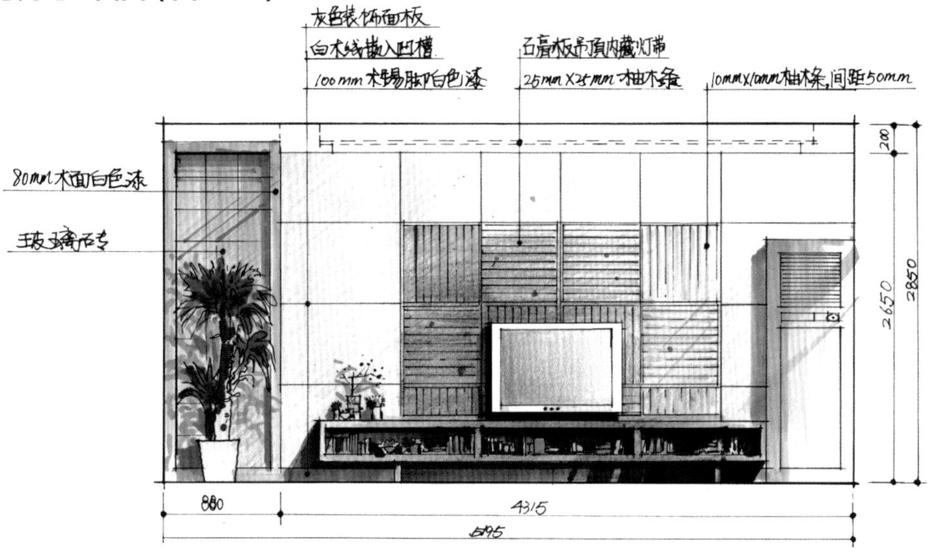

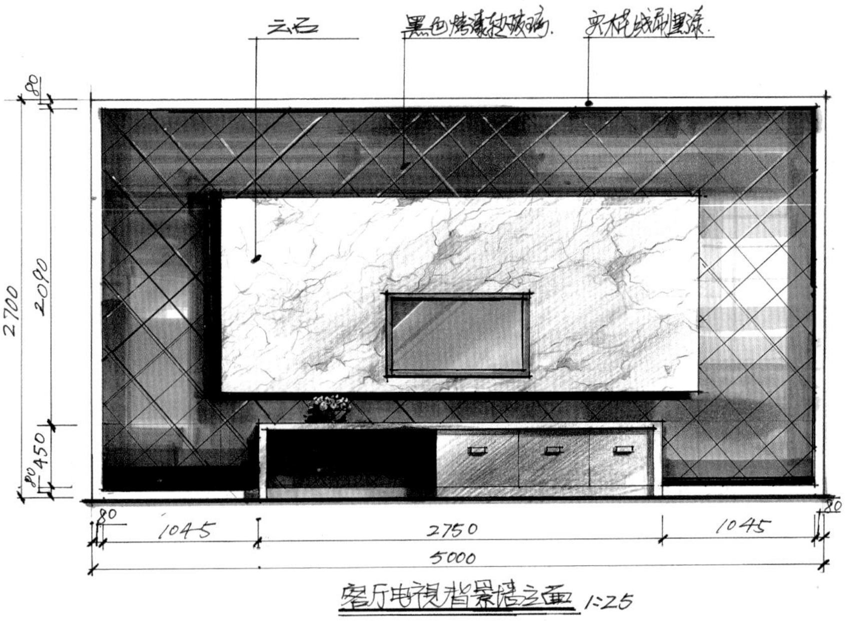

图 4-61　彩铅、马克笔立面图表现　作者：孙大野

四、彩铅立面图（图4-62）

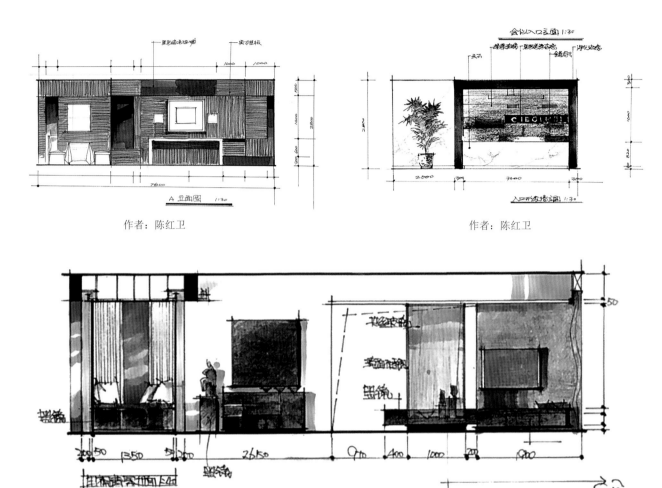

作者：陈红卫　　　　　　　　　　　　作者：陈红卫

作者：谭立予

图 4-62　彩铅立面图表现

五、水彩平面图（图4-63）

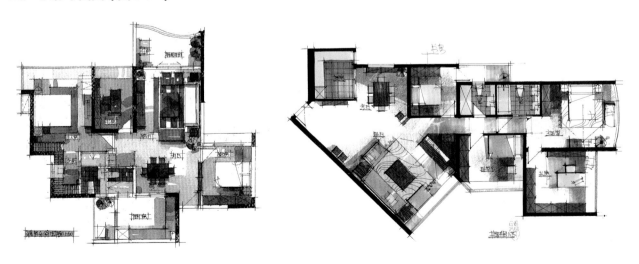

图 4-63　水彩平面图表现　作者：谭立予

第八节　空间马克笔上色步骤图

一、客厅上色步骤

在客厅中家具陈设物品较多，重点在于分清主次、虚实关系。通过强调、取舍来表现出空间感，通过固有色及光源色拉开空间的色彩关系（图4-64）。

步骤一：根据设计平面图，用一点透视方法勾画出空间透视线稿，利用线条组合刻画出物体黑白灰和空间关系

步骤二：在空间线稿基础之上，在心中确定画面的空间色调及冷暖关系之后，开始从画面主体入手。本例中，以冷灰调加些亮色为主，根据物体的固有色从暗部入手，同一支笔画出明度变化

步骤三：根据色调要求逐步完成从近景到远景，从主体到其他的色彩刻画

步骤四：对墙面、天花、地面进行着色，要用大笔触快速运笔，有冷暖及光影变化的要在色彩未干时过渡，同时加强投影的立体感

步骤五：完成整体着色后根据画面需要进行整体调整。对主要物体深入细致刻画，调整细节与画面关系，利用彩铅和修改液刻画材质及亮部变化

图4-64　客厅马克笔表现　作者：尚龙勇

二、别墅客厅上色步骤（**图4-65**）

步骤一：严谨的线稿是上色关键，从线稿开始我们就要对整个空间的明暗关系做整体分析，这要有助于上色对明暗关系的把握

步骤二：从墙面开始表现，用叠加冷色的方法把明暗关系表达出来；此时要考虑室内外光源。同时也把整幅画面的色彩关系确定下来

步骤三：整幅画面以冷色调为主，在表现空间的主体部分更加渗入强调物体间的明暗关系。在地毯配色方面用暖色与沙发颜色做对比，让色彩关系更加强烈

步骤四：在一些局部和天花用暖色与地毯相呼应，做到色彩平衡。使冷色调为主的画面更加鲜活靓丽

步骤五：在完成之前更多强调画面的主次、空间感及明暗关系，调节整幅画面的色彩平衡

图 4-65　客厅空间马克笔表现　作者：沙沛

三、餐饮空间上色步骤（图4-66）

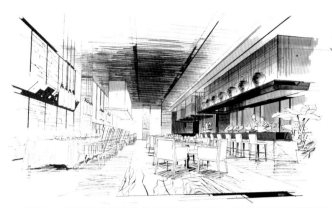

步骤一：线稿是手绘设计表达的根本，所以线稿阶段我们要严谨地表现空间尺度、结构。线条的运用应变化丰富，最后利用重色，来强调画面的主次关系

步骤二：从固有色最重的设计元素开始表达，运用马克笔退晕的技法，表达出自然的灯光效果

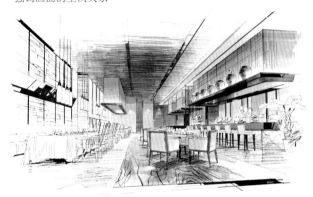

步骤三：餐饮空间夜景室内灯光氛围的表达，需要注意光源的位置、距离和材质上的表达。材质纹理可运用彩铅来表现

步骤四：完成空间整体色彩氛围的营造，注意近实远虚的处理效果

步骤五：运用重色和高光笔调整局部效果，加强空间氛围，强化灯光效果

图 4-66 餐饮空间马克笔表现 作者：陈红卫

四、公共空间上色步骤（图4-67）

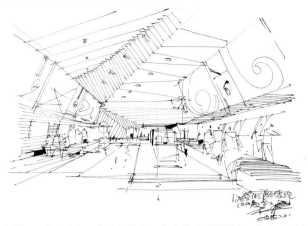 

步骤一：公共空间一般场景较大，在表现时要强调这一特点，因此在线稿表达时，要不拘小节，用笔大气、统一

步骤二：建筑结构与空间透视要表现正确，添加人物也要注意其行走动态、组合关系、近大远小，万不可随意添加，否则，会杂乱无章

步骤三：逐步完善其空间内部的结构、光影关系，并适当画出背光面的暗部和物体的投影，注意不可过度刻画，要为上色留余地

步骤四：用灰色马克笔画出明暗、结构关系，留出远处的白色，此步主要是上大体色，要注意色调，不可用色过多

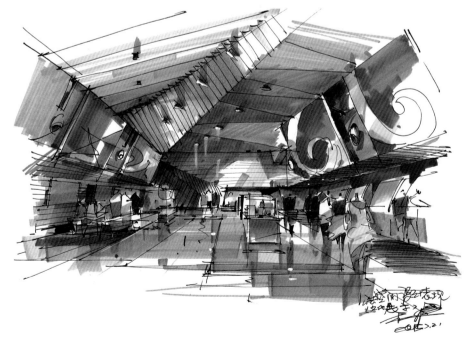

步骤五：完成整体着色后根据画面需要进行整体调整。对主要物体深入细致刻画，调整细节与画面关系，利用彩铅和修改液刻画材质及亮部变化

图 4-67　公共空间马克笔表现　作者：杨健

五、办公空间上色步骤（图4-68）

 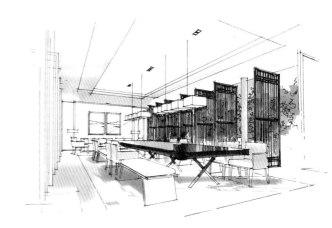

步骤一：考虑好空间的整体色彩氛围，冷暖的对比关系。先将远处的树木以"面"的形式进行整体上色

步骤二：先用浅色处理下光影关系，将物体的固有色进行上色，避免涂满

步骤三：逐步完善画面的黑白灰关系，将物体的材质深入刻画

步骤四：增强画面的对比关系，局部投影加重，适当加入一些配饰来丰富画面

步骤五：整体调整画面，构图、光影及光感关系、调整画面的彩色平衡

图4-68　卧室马克笔表现　作者：陈红卫

The **Fifth** Chapter

室 内 空 间 快 题 设 计

第 五 章

　　当前，随着社会的发展需要，设计公司对研究生的需求量逐渐增大，考研的学员也随之增多。然而考研必须经历快题考试，这已经是高校环境艺术设计专业的必修课程之一。快题设计在一定程度上能够反映一个人的基本设计创意能力，它的特点在于快速创意、快速表达，时间限制、独立完成，考生需要在短短的几个小时内独立完成快速构思与表达。要求设计者必须具有判断力、设计能力、方案构思能力、概括能力，创意能力等，由于这些特点，快题设计已经是当前考研必备的一种方式，也是用人单位招聘常用的方法之一。

第一节　设计师与草图

　　表达性的草图思考在我们进行方案设计初期应用十分广泛，它是一种设计思考的随意释放，是方案的探讨阶段。在这一阶段中，我们把对方案的理解以及设想用图示的语言在纸面上表现出来，形成可视化语言，这种语言就是我们平常所说的方案草图（图5-1）。

　　方案草图也叫图解思考分析，它是一种用速写形式的草图来帮助思考的设计思维表达形式。在实际的工作中，这类思考通常与设计构思阶段相联系。这种徒手草图是一种工作性质的表达，图纸要求上没有条款限制，可以任意地勾画，它既可以是一点一线，也可以是繁复的透视图，只要对方案有表达意义的图示都可以在纸面上涂鸦（图5-2）。我们可以看到优秀的设计师那简洁概括的灵活表达，内容繁多，有透视、有平面，又有剖面和细节图以及表示自己创意的概念图。草图表达大都是片断性的，显得轻松而随意。大师在这里很清楚地意识到：他现在所画的不是图画，没有必要刻意去追求形式和构图美，草图只是在设计中与自己探讨的手段而已。

　　在草图图解思考的过程中，坚持徒手绘画尤为重要，因为熟练的徒手绘图是掌握图解思考的重要技能，并且应该通过实践加以完善。直尺固然重要，但如果你单纯地依赖它，手绘技能就难以快速提高，而且这种规矩的直线给人的感觉也是比较冷漠的，不如徒手勾勒的直线随意、自然。有时通过这种直线，还可以激发我们创造性的设计构思和想象力，单就这一点而言，直尺所画的线是无法比拟的。草图表达作为一种设计的形式语言，是表达传递视觉形象的基本绘图方法。通过草图的勾勒，可以看出每个设计师对视觉语言运用的熟练程度。这种语言是非理性的，也是高度个性化的，有时非常清晰，有时却相当含糊，更有的时候是快捷和随心所欲。虽然计算机绘图已经高度普及，但是草图图解的表现方法仍然是一种最能启发思维的方法。它不仅是绘图的表达，而且是一种更有助于设计的思考。

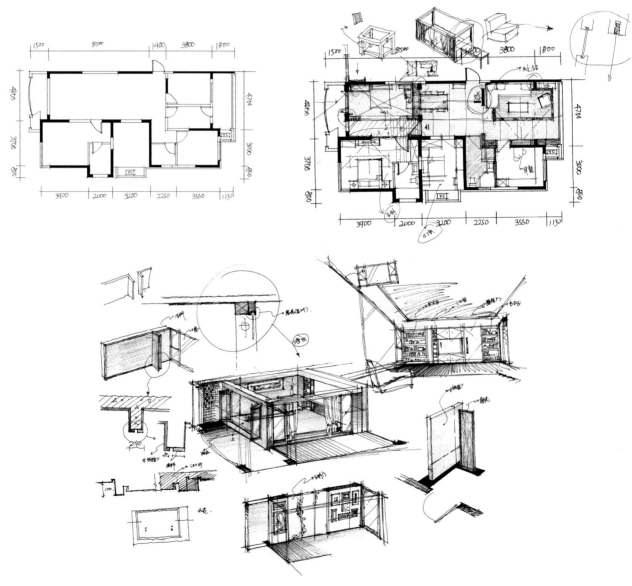

图 5-1　郑孝东草图

　　这一阶段是一个发挥想象的过程，在这期间充满着另类和狂妄，这都是设计所允许的。因为该阶段草图的抽象程度比较大，而这种抽象恰巧又给自己推敲方案、发挥想象力提供了较大的空间，有待于挖掘出更好的设计创意。在徒手的图解思考阶段，并不要求我们表现得如何到位，而是追求设计意念的"到位"。每一位设计师都应该在草图阶段花费大量的精力和时间去不断地推敲、探索和修改草图。也正因为如此，才使得我们徒手绘画能力得到了进一步锻炼，并一步步走向成功，得到社会的认可（图5-2）。

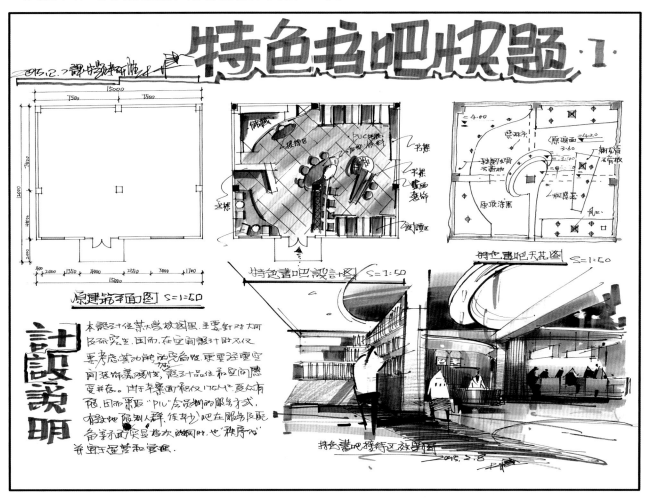

　　上图是一个特色书吧的设计，运用了徒手手绘的方式去进行设计构思和方案概念的表达，表现过程简单、实用、高效，同时也不乏创意

图5-2　特色书吧快题设计　作者：杨健

第二节　室内快题设计的概念

　　设计是一个从无到有理念转化的过程，是设计构思向实际方案转化的一种特殊的表现形式。室内设计思维作为视觉艺术思维的一部分，主要以图形语言作为表达手段，本身融合了科学、艺术、功能、审美等多元化要素。从概念到方案，从方案到施工，从平面到空间，从装修到陈设，每个环节都有不同的专业内容，只有将这些内容高度统一才能在空间中完成一个符合功能与审美要求的设计。

　　快题设计是当前广大设计师、专业学生常用的一种表现手段。由于它具有快速创意、快速表现的特点，在研究生入学考试、公司应聘中常把它作为考查学生综合设计能力的一种手段。

　　所谓快题设计其特点是在限定的较短时间内完成方案的创意定位、初始草图与草图深入、简要施工图表达以及效果图表现。主要强调"快"字，即审题快、把握设计要求快、创意定位快、整理要素快、草图表现快、方案完成快等，这种特殊形式通常称之为快题设计（图5-3）。

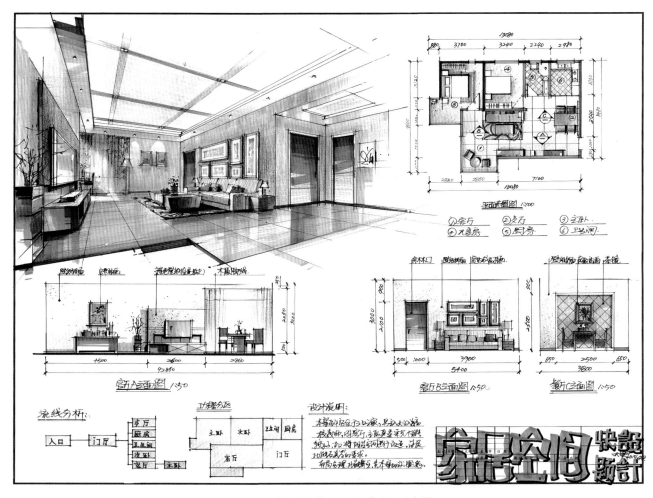

图 5-3　家居空间快题设计　作者：孙大野

◎快题设计的应用意义

1. 普通高校环境艺术设计专业的必修课程

室内快题设计是室内设计重要的专业课程之一，如居住室内空间设计、公共室内空间设计等专业课程。居住空间包括卧室、客厅、餐厅、卫浴、儿童房、书房等。公共空间包括专卖店、办公空间、酒吧、咖啡厅、餐厅等。之后开设的综合设计能力提高课程旨在训练快速创意设计的表达能力。室内快题设计内容是在规定的较短时间里完成设计方案，要求学生设计过程科学合理，创意表达准确到位；通过训练，开启设计思维，开发创新意识，培养对设计与表现的整体控制能力，提高快速汇总有效信息、快速形成创意、快速表达设计方案的能力。

2. 环境艺术设计专业考研的必备技法

由于快题设计的表达特性和快捷方便的设计方法，近年来成为高校考研学生必备的设计技法之一。研究生的专业入学考试不同于本科生的专业入学考试，本科生入学考试重点考查其基本造型和设计能力；而研究生的入学考试重点是考查学生的专业综合设计能力和创意表达能力，要求创意新颖、技法娴熟，在有限的时间里，表达丰富的设计内涵（如图 5-4），所以掌握快题设计表现技法对考研的同学至关重要。

3. 艺术设计专业毕业生应聘时常遇到的考试方法

对于高校环境艺术专业的毕业生应聘考试，多数设计公司通过快题设计进行现场考核，检验其综合设计能力，在较短的时间里考查应试者的设计素质与潜力、创作思维活跃程度以及图面的表达功底。

4. 装饰公司设计人员的得力助手

通常一项装饰工程的设计，设计师总要经过相当长的时间对设计方案进行反复推敲、修改、完善，以便尽可能把设计矛盾在图纸上解决。因此，设计师要打破设计常规，在较短时间内设计一个可供发展的方案。这种工作方法就是快题设计。另外，在今天蓬勃发展的建筑行业中，大量工程投标，建筑方急于开工的报批方案等，都需要设计师尽快拿出方案，运用快题设计的工作方法，可以迅速地创作出一个独特的方案参与竞标或供主管部门审批（图 5-5）。

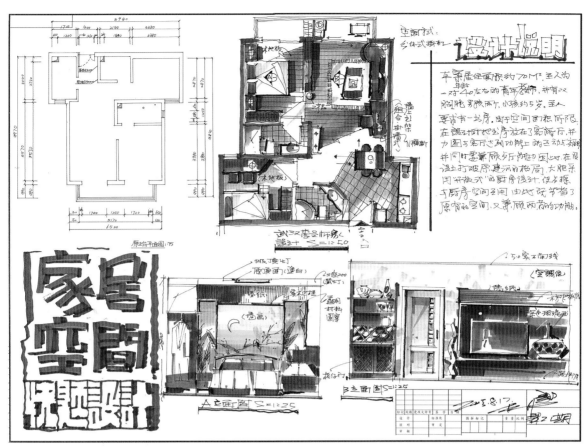

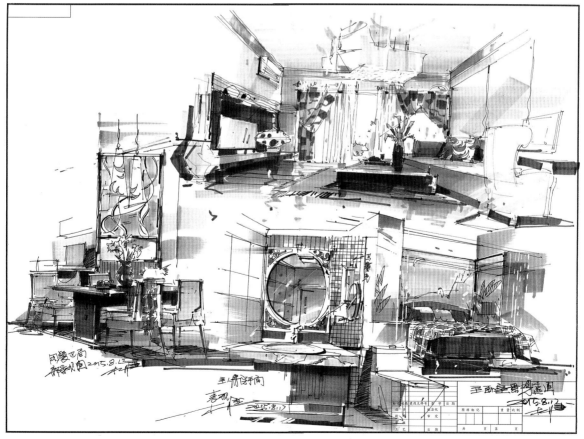

徒手表现的快题有着灵活、快速、实用的特点，表现过程中能激发出更多的创意和可能性

图 5-4　家居空间快题设计　作者：杨健

107

第三节　室内快题设计特征

◎创意概念定位

快题设计的"快"首先体现在整个方案设计的创意概念定位上。创意概念是指先对设计方案的总体分割、文脉表达、设计语言形式等主要概念性的问题进行创意定位（图5–5）。创意概念的定位也是整体设计方案思维过程的开始。如何在较短的时间里完成好创意概念的定位，在设计中需要重点思考以下几个问题。

1. 室内设计装饰风格概念的定位

在设计过程中，选择何种装饰风格对于设计师来说是一个非常重要的概念定位。设计师应时刻把握时代气息及设计潮流，创造出具有独特魅力的个人风格，将空间艺术的各种处理手法和设计语言的运用与设计风格完美地统一起来。

2. 历史文脉的定位

由于不同地域、不同历史文化所带来的影响，不同环境的设计通常具有不同的文化及社会发展的内涵，还包括人们的生活习惯及人文因素和自然环境。在设计定位中要认真研究其历史文脉对室内设计带来的影响。室内空间形态的设计定位必须符合特定的空间使用功能以及人们的审美心理感受，特别是室内布局形式的组织安排。

3. 室内色彩与材质的定位

色彩与材质和人们的生活紧密相连，它不仅要满足人的心理和生理两方面的需要，同时也对室内环境空间设计的艺术氛围具有重要的意义。

4. 室内光环境的设计定位

完美的室内照明，应当充分满足功能和审美两方面的需求，光环境的设计对于人的情感会产生积极或消极的影响，所以光环境的设计和定位直接影响到室内各个界面的设计表现。

5. 设计语言定位

在空间形式设计中，要运用不同形态的点、线、面形式语言来表现空间中的造型，形成特定的形式美表现符号，从而增加空间的艺术感（图5–6）。

6. 装饰材料与施工工艺的初步定位

材料的选择和施工工艺也是室内设计中的一项重要工作，它有助于整体方案的实现（图5–7）。

图5-5　创意方案构思与草图定位　作者：马光安

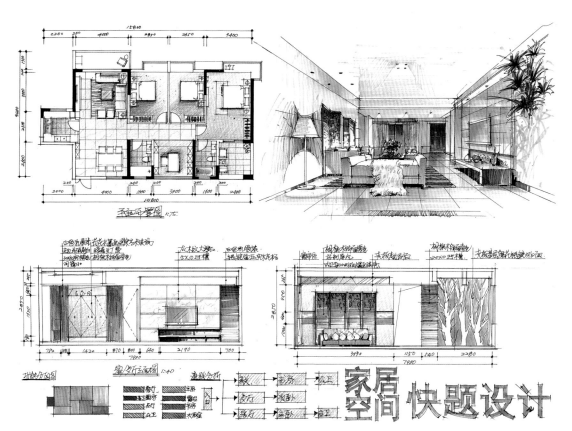

图 5-6　家居空间快题设计　作者：孙大野

在快题的表现中，可以适当把装饰材质与施工工艺在图上表现出来

图 5-7　家居空间设计　作者：郑孝东

第四节 室内快题设计的表达原则

一、以人为本的设计原则

　　室内快题设计的最终目的是为"人"服务，也是室内快题设计的首要表达原则。原则的体现主要从生活和心理需求两个方面着手分析，满足人在生活方面的需要，要从空间的划分、功能、尺度入手；功能是满足人需要的最直接手段，在空间的划分上要充分考虑到功能需要，根据功能的使用频率和人使用的舒适度来设计空间。家具陈设在空间中的尺度设计是否合理，是能否更好地满足人的生理需求的设计表达要求，人体工程学就是为了解决这一问题而产生的学科。尺度设计要针对不同年龄的人、不同的使用对象，要考虑不同的使用要求，尤其是儿童、老人和残疾人的行为生活需求，在特定场合需要格外重视（图5-8）。

二、地域性文化的表达原则

　　现在越来越多的设计师们已经认识到地域环境和传统文化是室内快题设计过程中不可或缺的元素，所以如何把地域文化表达出来也是设计师必须认真考虑的问题。世界各地都存在着自己独有的地域文化，主要表现在人们因身处不同的地理环境而形成的不同民族文化、生活方式、审美标准、价值取向等。在快题设计时，要尽可能快速地对空间所处地域的文化特色进行重点知识了解，既要了解当地的风土人情、思想观念、审美习惯，也要了解和考察当地的建筑形式、构建造型、色彩搭配等物化了的形式美要素，因为这些都是可以直接运用于我们快题设计过程中的重要内容（图5-9）。

三、遵循生态化设计原则

　　快题设计中进行生态化设计表达，将会给长期生活和工作在室内空间的人们带来更多健康、绿色、环保的审美体验。现代化的建筑越来越多地采用非传统的材料，而室内设计中所选用的自然装饰材料也越来越少。特别是进入了微机时代装备的空间，更加强化了"非自然"的机械化人工创意和人造环境。于是，人们开始呼唤室内空间环境"生

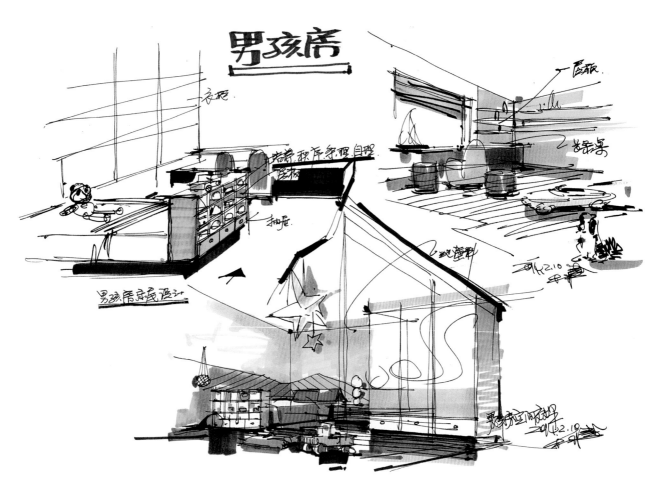

环境能影响心理情绪，心理影响行为，行为引导成习惯，而习惯将决定命运，特别是心智未成熟的小孩，所以儿童房的设计要充分考虑色彩、材质以及家具的选择，因为这些都是伴随着小孩最多的"环境"

图5-8　儿童房快题设计　作者：杨健

态设计""健康设计"的回归。生态设计的理念经过几十年来的发展，人们对其有了更深入的认识。而从我们室内快题设计的角度来讲，主要从以下几个方面来思考。

1. 将自然绿色元素引入空间

在自然环境中，清新的空气、优美的景色可以给人愉悦的心情和美的感受。因此，人们越来越重视将植物、山石、水体等自然绿化要素引入到室内空间环境之中。作为室内设计师，应当致力于为人们打造更加生态、更加自然，符合人们心理和生活需求的愉悦空间。这就需要设计师能够利用专业知识和技能，在有限的思维过程中，将重要的生态要素合理、恰当、巧妙地运用于我们的设计方案中（图5-10）。

2. 引导节约、环保的生活方式

生态设计的理念不仅是为了满足人对自然生态环境的需要，更重要的目的是提倡人们养成节约、环保的生活习惯和方式。室内设计师有责任引导人们走向生态的生活方式，通过设计来促使人们养成更加节约、环保的生活态度，比如在有限的空间设计中对多功能的家具与陈设进行结构的功能优化和可回收设计等。

3. 选用环保装饰材料

创造一个室内空间生态环境所采用的装饰材料，在生产过程中对环境造成的破坏，可能要远大于我们所创造出来的"生态"。所以在快题设计的材料选定中，一定要运用健康环保材料，保障使用者的身体健康。比如，在装饰材料的选择上，运用原始的木材梁柱、粗糙的生态石材、翠绿的植物、圆滑的卵石、洗练的白砂、流动的水质等，它们都充满了淳朴自然、生态环保之美感（图5-11）。

4. 具有创新的设计原则

创新是快题设计具有生命力和艺术感染力的根本，也是评价设计作品是否优秀的重要指标。创新应该是全方位的，对室内快题设计来讲，新的形式与装饰是创新，营造新的生活方式也是创新。在设计中任何一处能够给人的生活带来积极影响的创造都具有一定的创新意义。创新设计还应该顺应时代发展，体现时代特色。当下，以人为本的设计理念、可持续发展思想、生态设计、低碳设计等时代主题，都应该是我们在快题设计中创新的主要方向（图5-12）。

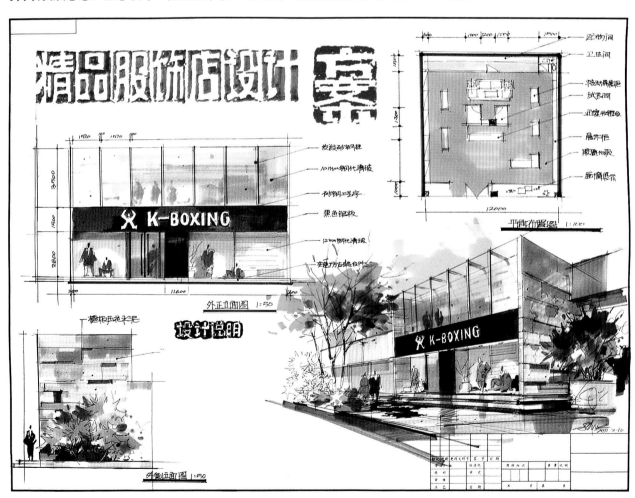

精品服装店的方案设计，必须要根据自身的企业文化，融合其地域文化的特征，根据其当地的消费水平、历史文化、人文风俗、生活方式等去进行思考与创意表达

图5-9 精品服装店快题设计 作者：陈红卫

酒店客房方案运用了大量的生态木和文化石作为墙体装饰，同时大大的落地窗引进了室外的阳光，显得通透、有生命力

图 5-10　酒店快题设计　作者：陈红卫

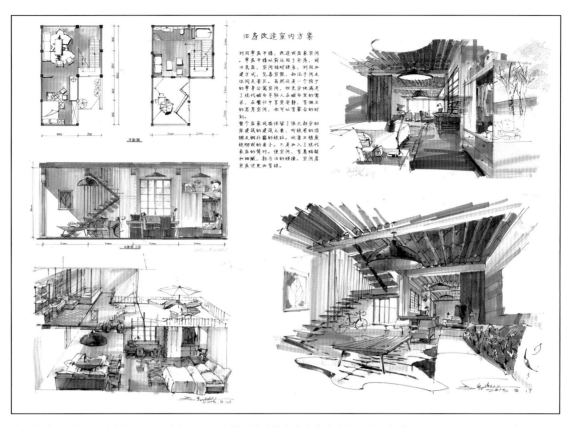

此方案采用了大量的木材进行地面铺装处理，木材质本身就能给人带来自然、亲切的感受，能拉近人与人的距离。方案还运用了大量的玻璃作为围合空间的处理方式，把窗外的景色进一步延伸到空间中，这种处理方式非常生态合理

图 5-11　书吧快题设计　作者：马光安

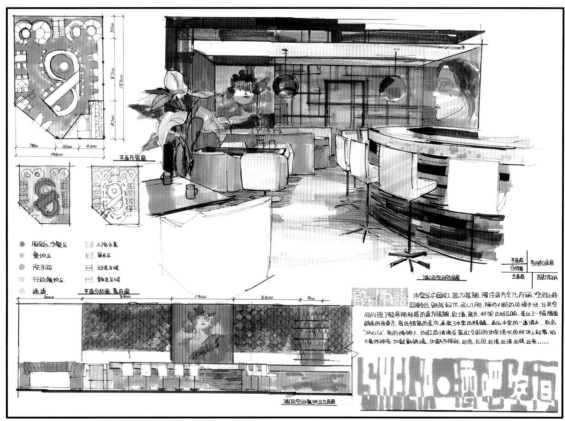

此方案中的设计运用了很多线条与构成的构造手法，空间中充满着现代感和趣味性

图 5-12　酒吧空间快题设计　作者：马光安

第五节　室内快题设计功能分区与流程分析

要做一个优秀的室内设计师并非一朝一夕就能成功，设计能力的提高需要经过长期的知识积累才能做到，因为室内设计是一门边缘学科，涉猎领域十分广泛，如建筑学、环境学、风水学、心理学、人体工程学、色彩学、工艺学等。必须要保持一颗持之以恒的心，坚持提高专业能力、实践能力，养成良好的学习设计习惯。做到在提升设计素质、设计修养的同时提高设计能力，为今后成为优秀的设计师打下坚实的基础。

一、任务书的分析

一般而言，设计任务书都会给出建筑的外部条件，从区位环境到地段环境甚至重要的室内设计项目均会提及。这些外部条件对限定建筑设计走向有着重要的意义，同时对该建筑各个室内空间的设计也会产生一定的影响，比如房间的朝向、景向、风向、日照、外界噪声源、污染源等都会影响室内设计的思路和方案处理。因此，在设计任务书中要分析哪些自然条件对室内设计有利，哪些自然条件对室内设计不利，以便在室内设计中有针对性地进行处理。其次，设计任务书的重点就是对各个室内空间设计要求的阐述，由于各空间布局都在建筑设计中确定，此时，就要对这些空间的功能性质、功能要求、各空间的功能关系、空间特征，以及它们对各自风格、气氛、意境的规定性等设计因素进行仔细分析，以此设立好设计目标。

二、对建筑条件图的分析

面对建筑条件图，室内设计师要从中了解哪些是承重结构体系不可随意变动，哪些是非承重结构体系，根据空间调整可以做适当更改，这是保证建筑安全必须进行的分析工作。

（1）分析建筑功能布局是否合理完善。建筑设计尽管在功能设计上做了大致研究，并确定了功能布局方式，但仍可能有不妥之处，室内设计师要从生活角度着眼，进一步检查建筑条件需要完善功能的部分。这是室内设计对建筑设计反作用所为，也是一种互动的设计过程。

（2）分析各房间门设置是否合理。建筑内各个房间的门众多，要检查一下数置和宽度是否符合规范要求，位置上预想一下对室内家具配置是否有影响，门洞口的高度在尺寸上是否合适等。

（3）分析水平与垂直交通体系，室内走廊及楼梯、电梯、自动扶梯在建筑平面中是怎样布局的，它们如何将室内空间分割，又是如何使交通流线联系起来的。

（4）分析室内空间的特征，确定空间是围合还是流通，是封闭还是通透，是高耸还是压抑。

（5）分析设备、后勤用房对使用空间的影响，确定这些用房是开阔还是狭小，分析建筑物。

三、室内设计流线分析

1. 理顺流线秩序，完善功能布局

建筑设计的目标之一是创造内部空间，但这个内部空间对于使用来说还很粗糙，对特定生活的考虑还不够周到和细致，为了使人在这个室内空间中真正感觉很舒适，就要通过室内设计工作来完成这目标。

（1）调整不合理的功能布局。

根据条件分析中对建筑平面布局的全面检查，将局部功能布局不合理的房间进行调整，这是展开室内平面设计的前提。调整的原则是各房间的布局应符合该建筑的功能设计原理，如住宅建筑各个房间在总体布局上要做到公共区（客厅、餐厅、厨房）与私密区（卧室、书房、储藏间）大体上要分区明确，应该说，这一基本要求在建筑设计中已经做到了，但某些住宅设计总会在这个基本设计问题上出现偏差，或者住户有新的要求，那么在室内设计中设计师在可能的条件下，一定要尽可能将功能调整好，又如，在一个文化娱乐类建筑中，虽然功能不十分严格，但做到闹静适当分区还是必要的。在室内设计中，审视建筑平面关系时，若个别房间安排不合适，例如舞厅旁。需要设置较安静的展室，就需权衡考虑，如何将两者距离拉开，因此，建筑平面若需要大的功能调整，是着手室内设计首先要考虑和解决的问题。

（2）按照该建筑类型应有的功能内容进行补缺工作。

功能设计是一项很细致的工作，缺少任何一项必需的功能内容都将给业主今后的生活带来麻烦，如按照现代高质量的居住生活要求来说，每户都需要一个门斗的空间，虽然面积要求不大，可是它却是入户第一关，不但可以起到空间内外的过渡、隔离外界干扰的作用，而且还可以在此起到换鞋整装的功能之用。因此，在平面设计中，要想方设法将它创造出来，同时不能破坏原来的房间完整性，这是设计师要思考的问题。

（3）对建筑平面按合理的流线秩序调整房间的位置。

设计中总会局部流线交叉不通畅的问题，碰到此种情况，也需在快题设计一开始尽早发现，并尽可能纠正过来。当对一座老建筑进行改造，甚至在功能发生置换的情况下进行室内设计时，要在已有的建筑框架内先进行室内设计，这要比新设计的建筑更困难。如同改一件旧衣服比做一件新衣要难一样，首先要进行有限定条件的功能设计，还要先考虑合理的功能分区。在这过程中不可避免地要开洞、拆墙、加隔断，其至更改或增添卫生间、配电用房等。

2. 提高平面有效使用系数

室内空间包含了使用面积、交通面积、辅助面积等。它们各自在室内占有一定面积比例。从经济性上考虑，我们要尽可能扩大使用面积，提高平面使用系数。同时，在合理的标准下，尽可能减少辅助面积。快题设计为了提高

平面使用系数，可以从以下几方面着手工作：

（1）压缩过于宽大的走道、过厅面积。

首先要按设计规范确定正常的过道宽度，按交通流线确定过厅的使用大小，再以舒适度和空间感对照是否有减少交通面积的潜力。

（2）提高辅助面积的使用价值。

压缩交通面积有时会受到建筑技术因素的制约，无法把面积减下来，此时可以换一个思路，即：能不能从提高交通面积的使用系数考虑，如将部分面积作为景观来设计，这样不仅可以提高交通面积的环境质量，而且因为增加了功能内容，实际上也减少了交通面积过剩。

3. 改善平面形态

房间的平面形态与功能使用要求和视觉审美有很大关系，与房间的面积大小有时也密切相关，在平面设计中应对这一问题特别关注，所谓平面形态包含两个内容：一是平面形状；二是平面比例关系。

（1）调整平面形状。

作为室内平面的形状，一般而言（特别是对于小房间）多为矩形或方形，因为它们与常规家具形状较匹配，有利于家具配置设计。异形平面如几何形中的三角形、多边形、圆形、弧形等平面，当房间面积较大，家具配置要求较宽松时也可以尝试采用，只要符合形式与内容有机统一的原则就好。

（2）调整平面比例关系。

有时房间的平面形态将呈现似走廊的平面形态，造成过分狭长、使用不利，采光与通风功能都会受到影响。因此，遇此情况一定要设法将平面比例关系调整好。

4. 调整洞口形态与位置（图5-13）

（1）提高空间使用质量。

（2）组织室内流线和布置家具。

（3）有利于通行能力。

同一个平面图的两种处理方式，体现了空间充满着无限的可能性，平面的有效使用系数控制得十分合理，具体确定方案要根据业主的要求而定（生活方式，功能需求等）

图5-13 单身公寓设计 作者：郭正一

第六节 快题设计表现程序与要点

一、快题设计的表现程序——审题
认真读懂题目要求，包括空间尺寸、使用者（把握设计分寸）、空间类型（办公空间还是餐饮空间等）、功能要求、特殊要求（如欧式风格）等。

二、快题设计的表现程序——分析
要注意分析功能空间的流线，功能空间的面积，功能空间的开放程度，空间的对内和对外的关系等。

1. 设计操作
寻求合理的构图布局，绘制设计草图，确定设计理念与设计方案。

2. 素描表现
用钢笔（或绘图笔、黑色圆珠笔等）将平面图、立面图和透视图合理布局后，在所要求的图板上绘制出来。

3. 色彩表现
用马克笔、彩铅或两种表现技巧结合表现图幅的物体关系（如平面图、立面图和透视图等），使图版完整展现，增强设计视觉效果，稳健的方案要求满足功能布局设计合理，图面表现清晰美观等（图5-14）。

众所周知，试卷给人的第一印象非常重要，直接影响到分档的好坏。没有设计"硬伤"，能吸引人眼球的作品无疑会被选入A档，优秀的快题设计应该满足以下几个要求：

（1）设计成果完整。首先任务书中要求的图纸一定不能缺，否则再好的构思与表现都是徒劳。

a. 没有明显的"硬伤"，画面不存在明显的尺度错误和比例错误，功能布局不存在明显的不足或者失误，对题目限制条件理解正确等。

b. 亮点突出。在大多数卷子中能跳出来的一定是有亮点的，这要求在表现上充分深入，排版新颖合理，设计概念动人。

c. 综合效果好。设计与表现通过整个的版面设计来呈现，版面的布局直接决定了给人的第一印象。

（2）快题设计表现的三项任务。线稿的快速绘制内容包括二维图形线条、三维图形线条、绿化、配景线条和各种字体。这部分内容占据2/3的作业时间，是制作的主体与表现的基础。"线"担负了以形传神的任务；"形"是客观物象；"神"是反映物象的气质、精神及生命力，也反映出作者的思想感情。线的表现力体现在两个方面：一是线条本身的变化，有轻重、浓淡、刚柔、虚实、顿挫、转折、疾徐等变化；二是在画面的安排上，要有疏密、聚散、长短、穿插等变化，线的选择也是很重要的。

(3) 版面构图设计与调整。内容包括版面内各种图形的常用布局格式，针对敏感部位的构图检查方法以及构图失衡时的调整手段。这部分内容占据作业时间很短，费神而不费力，凡事一开局，一收尾，总是关键。版面构图的设计能展现热闹、时尚、古朴、童趣等各种截然不同的风格，这就是版面设计的绝妙之处。完美的版面构图不仅要富有设计感，更重要的是能在刹那间就烙印在阅卷者的脑海中！版面的整体表现形式，构图是否可读，能否在形式上吸引视线，很大程度上取决于版面的设计。透过版面可以感受到设计者对室内空间的态度和感情，更能感受到设计的特色和个性。版面吸引读者，主要是吸引读者的视觉，利用人的视觉生理和视觉心理，产生强大的视觉冲击力，牢牢吸引读者的眼球（图5-15）。

(4) 彩调、色彩的快速表现。内容包括透视图的影调与材质色彩，绿化与配景的彩调、纹理和色彩，各种用以调整构图的字体与装饰色块的填色。这部分内容虽然只占1/4的作业时间，却很影响最终的表现效果。常把室内色彩概括为三大部分：首先是作为大面积的色彩，对其他室内物件起衬托作用的背景色；其次就是在背景色的衬托下，以在室内占有统治地位的家具为主体色；最后是作为室内重点装饰和点缀的面积小却非常突出的重点色或称强调色。这些色彩的搭配对营造整个室内空间的氛围非常重要，空间内氛围的表现也是依靠色彩，空间中冷暖色调的变化就是由整个色调烘托出来的（图5-16）。

第七节 家居室内快题设计案例分享

建筑大师梁思成说过"在建筑种类中，唯住宅与人类的关系最为密切"。居住空间是与人们关系最为密切的室内空间，住宅空间设计不仅影响到使用者在家中的休息效果，还会间接影响到人们工作学习时的精神状态和效率。

普通住宅室内快题设计要点包括：

1. 使用功能要点考虑
住宅的基本功能包括睡眠、休息、饮食、视听、娱乐、学习、工作、家庭团聚、会客等。设计时，要依据各种功能特点的不同来合理组织空间、安排布局，做好空间的静动分区、公共私密分区的合理规划。

2. 审美功能要点考虑
室内空间在满足了人们使用功能要求的基础上，需要对精神审美功能要求进行考虑。住宅审美功能的影响因素比较多，有地域特征、民族传统、宗教信仰、文化水平、社会地位、个性特征、业余爱好、审美情趣等；整体风格z

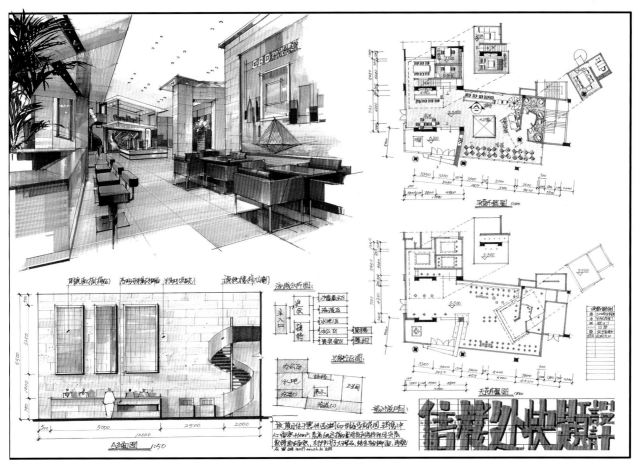

图 5-14　售楼处快题设计　作者：孙大野

图 5-15　旗舰店设计构图与线稿阶段　作者：马光安

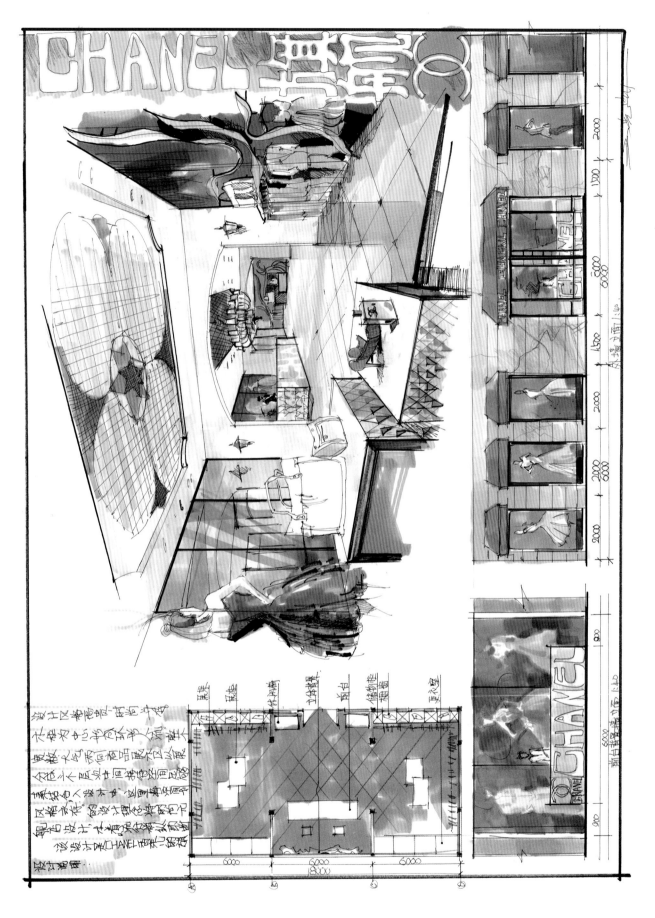

图 5-16　旗舰店快题设计　作者：马光安

装饰设计是室内快题设计的灵魂，它对设计中的各个细节，如色彩的搭配、材质的运用、装饰语言的表现形式、家具的配置和家居织物的选择等都起到审美功能的作用，是人的第一印象。

案例评析：xx 大学 2014 年研究生入学考试试题

题目：一个关于 16m² 的小空间想象和表现。

项目概况：

现代主义大师勒·柯布西耶一生做过大量建筑设计和许多城市规划设计，但他晚年却独自居住在自己设计的一栋总共只有 16m² 的小房间中，在这间小屋里不仅要完成从起居、烹调、就餐、洗浴、储物等日常生活的功能，同时还要完成作为一名建造师的工作和学习的功能。大师对空间的理解可谓独到之至，请你对大师的小家作一个空间的想象和表现。

具体要求：

①空间的具体结构形式和尺寸自定，但面积必须是只有 16m²。

②请作一个平面方案图和五个空间想象透视图进行表现。

③平面图请用适当比例，并用标准尺寸对空间各部分使用功能进行说明。

④透视表现图能反映空间的基本结构关系，选择最佳角度表现，表现手法为线描或者马克笔或彩铅的综合表现。

⑤考试开始 3 小时后不能改变原构图，否则试卷无效。

题目要点分析：

①了解"现代建筑的旗手"柯布西耶，20 世纪最重要的建筑师之一，他和格罗皮乌斯、密斯以及赖特并称为四大现代建筑大师。代表作品有萨伏伊别墅、马赛公寓大楼、朗香教堂等。

②柯布西耶提出的 5 个观点：底层架空柱、屋顶花园、自由平面、自由立面以及横向长窗。

③题目考察的方向很明确，考察小空间的布局方案。

④小空间设计考察人体及家具的尺寸和比例，工作学习与日常生活的区域可以共用，但任何功能都不能少。

⑤题目中蕴含内容比较多，但只带有面积，不包含固定平面图。

⑥小空间布局显得尤为重要，最好可以灵活运用空间之间的结合及互动的关系。平面图想象要多结合实际案例，这样的空间就会更加合理。

⑦一张 4 开纸里图纸量较多，且重复要求的透视图图纸量较多，所以透视图一定要找准主次，有 1~2 个主要效果图，配合 3~4 个局部透视图。这样刻画更为轻松且主次分明，可以更好地突出设计重心。

⑧在完成图纸量的前提下，可追加一些简单分析图例使方案更加完整，也是个无形中加分的技巧。

⑨效果图内容要求，可反映空间结构关系，找准流线关系，要刻画空间之间的关系，通俗地说就是希望从这个效果图可以看到下个效果图的一点内容。

⑩结合学校往届特点分析本题目重点，了解学校考核的重点。

答卷主题：

①可由经典案例或实际案例引进。

②可引入时尚元素贯穿设计。

答题步骤：

①以草图形式考虑并确定排版。

②铅笔稿阶段，慢慢地深入排版，铅笔稿也是设计思考的阶段，结合透视草图绘制铅笔稿。

③墨线阶段一：用钢笔稿修正成正稿，把握好整个透视关系，建议在这阶段用尺规，尽量工整，修正细节如门、地板等。

④墨线阶段二：完善线稿阶段把文字、设计说明标书等叙述的细节处理好。文字先用铅笔尺子分行，字体可以以方块字为主。

⑤上色阶段，结合时尚元素，切入主题，材质在色稿阶段尤为重要。

色彩材质分析：

小户型居室，一般选择浅色调、中间色作为家具、床品、沙发、窗帘等的基调。这些色彩能让居室给人以清新、明朗、宽敞的感受。

其他要点：

①许多学校考研题目会出与一些现代著名大师的作品相关的题目，所以熟悉现代设计大师的设计特点，并牢记他们代表作品的平、立、剖面图都是非常有必要的。

②应选择造型简单、质感轻盈、小巧的家具，尤其是那些可随意组合、拆装、收纳的家具比较适合小户型。

③标注、线型、字体等必须标准规范。

根据以上题目要求，分享以下三个完整案例：（图 5-17~ 图 5-19）

案例一

图 5-17　家居快题设计　作者：马光安

案例二

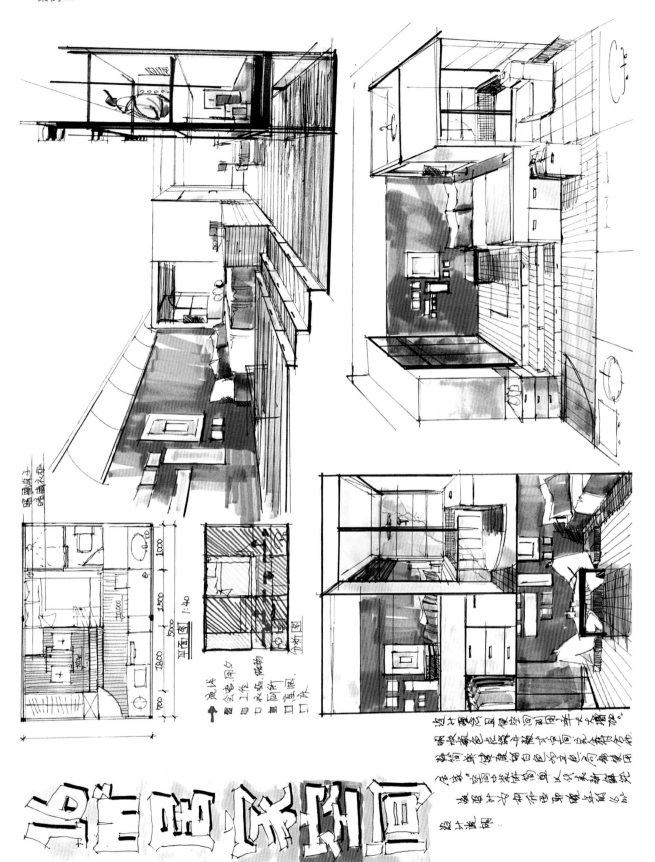

图 5-18　家居快题设计　作者：马光安

案例三

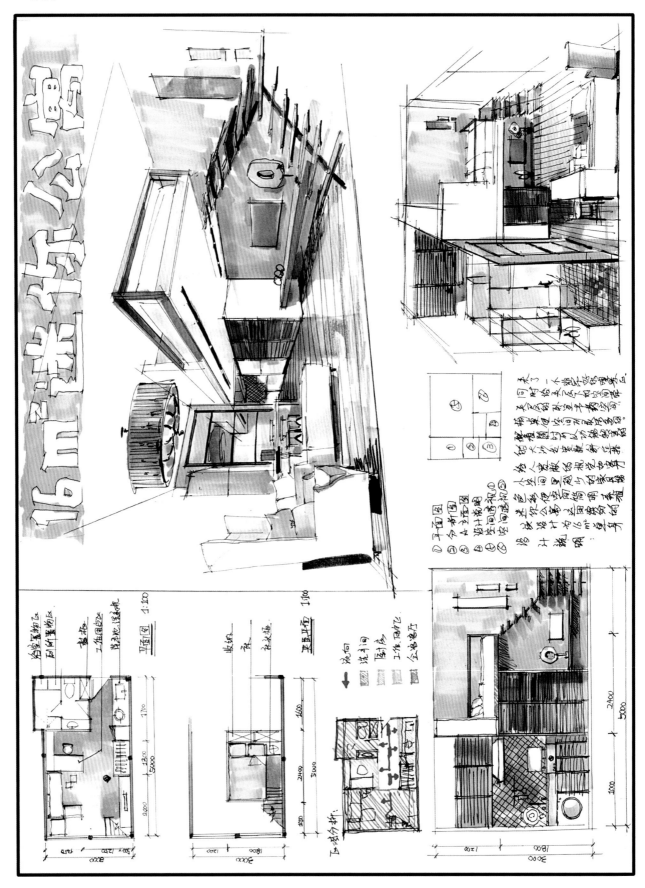

图 5-19　家居快题设计　作者：马光安

第八节　公共空间快题设计要素

一、办公空间快题设计要素

办公空间的组成取决于办公单位本身的使用性质、使用方式、规模大小和管理体制等。办公空间各类用房按其功能性质一般分为办公用房、公共用房、服务用房和附属设施用房。根据办公空间等级标准的高低确定办公人员，常用的面积定额（3.5~6.5）m²/人。

办公用房是指具有专业性质或者专用性质的办公室用房，如小单间办公室、大空间办公室、单元型办公室、公寓型办公室及景观办公室等。公共用房是为办公空间内外人际交往或内部人员聚会、展示等的用房，如门厅入口、接待室、会议室、阅览展示厅及多功能厅等。服务用房是为办公空间提供资料、信息的搜集、编制、交流与贮存等功能的用房，如打印室与档案室等。附属设施用房是为办公空间内部人员提供生活及环境设施服务的用房，如卫浴空间、更衣室、员工餐厅与空调机房等。

办公室的布局、通风、采光、人流线路、色调等的设计适当与否，对工作人员的精神状态及工作效率影响很大，过去陈旧的办公设备已不再适应新的需求。如何使高科技办公设备更好地发挥作用，就要求设计师有好的空间设计与规划能力。不同的企业形象对办公空间的设计风格起了决定性的作用。而从事设计类的创造性公司，则更注重视觉上的个性化表达。在办公空间设计中，在满足功能的同时，还应当与企业特征及企业文化相关联，因而，决定办公空间环境的不是设计师本人的喜好，而是企业的特征。有些企业对室内使用材料的色彩有明确的规定，特别是公司标志、背景墙颜色和字体大小比例都会有明确的规定，所以在设计时需要考虑色彩之间的搭配，以及家具的形式与色彩。办公空间设计首先要有一个总体定位：一方面明确设计类型，即明确是行政办公、商业办公，还是其他类型的办公空间；另一方面要确定装饰风格，然后开始进行办公空间的总体规划。在进行办公空间设计时要注意以下两点：

1. 明快感

使办公空间给人一种明快感是设计的基本要求。办公空间环境明快是指空间色调干净明亮、灯光布置合理、光线充足等，这也是由办公空间功能要求所决定的。目前有许多设计师将明度较高的绿色引入办公空间，这类设计往往给人一种良好的视觉效果，从而创造一种春意盎然的景象，同时也是一种明快感在办公空间的展现（图5-20）。

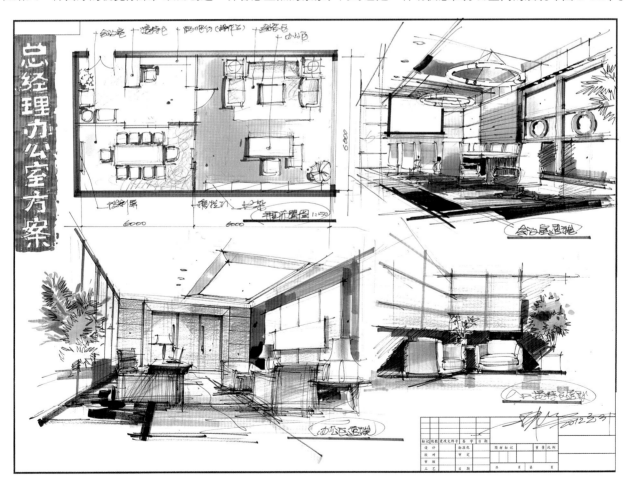

图5-20　总经理办公室快题设计　作者：陈红卫

2.秩序感

设计中的秩序感是指形的反复、形的节奏、形的完整和形的简洁。办公空间设计正是运用这基本理论来创造一种安静、平和、整洁的环境。秩序感是办公空间设计的一个基本要素,要达到此要素的要求,要涉及很多方面,如家具样式与色彩的统一;平面布置的规整性;隔断高低尺寸与色彩材料的统一;天花的平整性与墙面不带花哨的装饰;合理的室内色调及人流的导向等。这些都与秩序感密切相关,可以说秩序感在办公空间设计中起着最为关键性的作用。现在许多企业的办公空间为了便于思想交流、加强民主管理,往往采用共享空间形式——开敞式设计,这种设计已成为现代新型办公空间的特征,形成了现代新空间的概念。

现代办公空间设计还注重办公环境的营造,将自然环境引入室内,给办公空间带来一派生机,这也是现代办公空间的重要特征(图5-21)。

二、餐饮空间设计要素

餐饮空间是人们日常生活使用率较高的场所,相对于其他的功能空间,餐饮空间更加容易为人们营造出风格多样的休闲环境。随着生活水平的提高,人们社交活动日益增多,各种商务洽谈、应酬、日常交往、生日聚会都安排在餐厅进行。当前人们对餐饮环境的要求已不仅是物质上的,其精神功能已上升为主要需求。所以餐饮空间的设计不仅仅简单地满足功能上的要求,它更应该表达构成餐饮空间的风格特征。总体而言,餐饮空间的设计应在空间的分配、文化的表达、材料的选用、色彩的处理等方面满足自身的特殊要求,从而创造出一个既舒适温馨又饱含文化特征的就餐环境。

餐厅一般分为中式餐厅、西式餐厅、风味餐厅、自助餐厅、快餐厅、宴会厅、咖啡厅等,由于空间类型与服务方式不同,目标顾客也不尽相同,为了满足不同顾客的需求,在空间设计上,功能与风格定位必须进行认真研究与把握。设计时首先要从平面布局入手,根据物质功能和精神功能的要求进行创意构思,力求布局合理有序,达到空间的实用性、经济性、艺术性(图5-22)。具体设计时要注意以下三点:

(1)餐饮空间的动态流线。

(2)表达餐饮空间的文化主题。

(3)餐饮空间的色彩搭配。

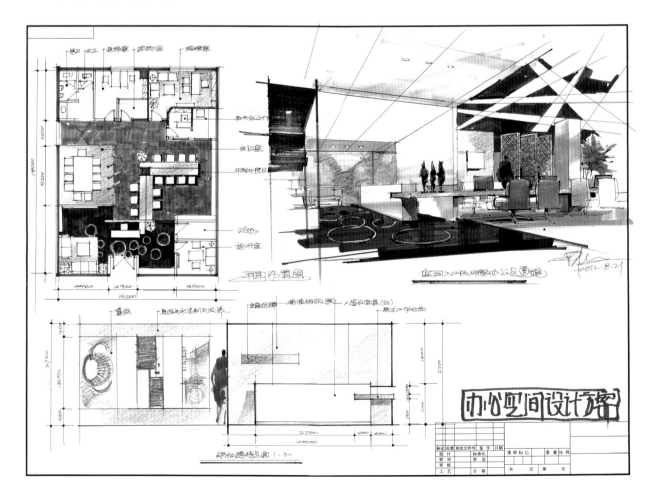

图5-21　办公空间快题设计　作者:陈红卫

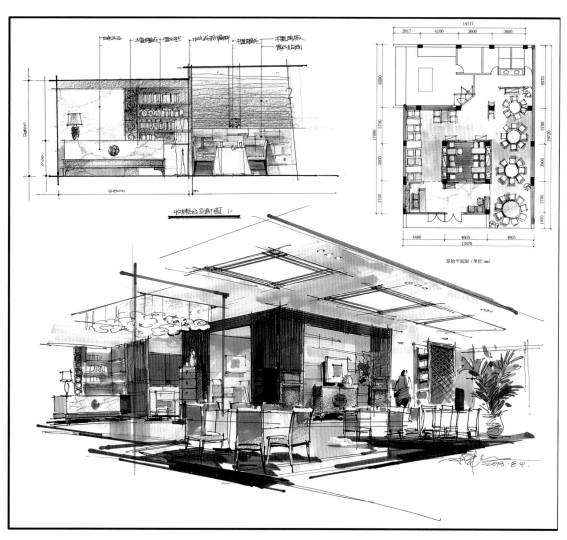

图 5-22　厅快题设计　作者：陈红卫

合理的空间高度是保证就餐环境舒适度的重要因素，因此餐厅吊顶净高应符合以下要求：
（1）小餐厅和小饮食厅不应低于 2.6m, 设空调者不应低于 2.4m。
（2）大餐厅和大餐饮空间不应低于 3m。
（3）异形顶棚的大餐厅和饮食厅最低处不应低于 2.4m。
（4）餐厅设计面积通常按照 1.85 ㎡ / 座计算。

三、咖啡厅设计要素

咖啡厅设计过程中，除了要把基本设计原理和必需的装修工艺掌握外，还要尽可能多地融入商业元素。在咖啡厅设计中需注意以下三点设计要素。

1. 咖啡厅设计要注意灯光效果

灯光效果即灯饰效果，包含两个方面的作用，即照明和装饰。咖啡厅设计最注重的就是灯光的设计，好的灯光设计往往可以营造温馨和谐的气氛，让咖啡的情调与周围的环境完美地结合。不同的灯光可以营造不同的环境，例如幽暗的氛围显得古老而神秘，而暖色的灯效可以营造浪漫温馨的氛围，明亮的灯光赋予现代的色彩。设计中强调浅颜色与背景的对比，射灯打在装饰器物上，也能使咖啡品牌更富有立体感。

2. 咖啡厅大门设计

咖啡厅出色的门头设计往往可以吸引众多客人驻足，好的设计可以引导客人们的视线，引起人们的探索欲望，并产生兴趣。大型咖啡馆大门可以安置在中央，小型咖啡馆门安置在两侧，有利于经营。另外，还应考虑店门外的因素，如地面水平还是斜坡，有没有遮挡物，采光条件，四周环境及太阳光照射方位等诸多因素。尽可能做到有利经营，为客人着想。

3. 咖啡厅设计时应注重营造良好的气氛

绝大多数人来咖啡厅的目的是聚友谈心，所以设计咖啡厅时必须注意要能够营造出舒适、轻松、高雅、浪漫的气氛，比如墙面的一些修饰，或是一幅油画，又或是一个精致的饰物都可以给整个空间平添几分惬意。

四、展示空间设计要素

展示空间是一门新兴的、建立在环境艺术设计研究基础之上的设计类别,展示空间设计是时间与空间艺术的综合,是一门综合性、艺术性很强的学科。展示空间设计的功能与要求包括以下几个方面:

1. 销售功能

百货店、购物中心、专卖店、超级市场等商业展示空间,能给人们创造一个休闲的购物环境,充分表现商品的自身价值,宣传企业的形象。展示空间的设计形式大致可以分为展示馆、展示会和展示场三种类型。在快题考试中涉及最多的是展示场的设计(图5-23),展示场的类型与设计有以下要点:

(1)以展示展品为核心,在进行展示场设计之前,首先需要对所服务的参展商的参展意图进行分析,确定是注重形象推广还是强调现场展销。设计过程中要综合考虑:展品的展示、顾客的接待、业务洽谈、咨询服务、内部办公等因素。

(2)确定合理的布局和人流线路的设计,针对展馆的主入口方向,设计出观众"观望——进入——参观——回顾——离开"等一系列心理空间的引导。为了增加商品的感染力,在各类展示场中都要进行商品的陈列展示,设计过程中要注重商品给人的亲和力、商品品牌的宣传,以及店面的装饰、橱窗与照明设计等因素。

2. 教育功能

教育功能的展示馆包括博物馆、美术馆、海洋馆、科学馆等,具有最直观、最真实的效果,同时具有强烈的艺术氛围(图5-24)。

3. 文化与经济功能

国际博览会、上海世博会、地方博览会等展示活动不仅仅是一种文化交流,而且具有推动经济贸易发展的功能。

4. 公共功能

公共标志、公园与街头展示牌、信息栏等是一种公益性的展示设计。

图5-23 展示空间快题设计 作者:孙大野

图 5-24　展示空间快题设计　作者：孙大野

第九节　快题案例赏析——家居空间

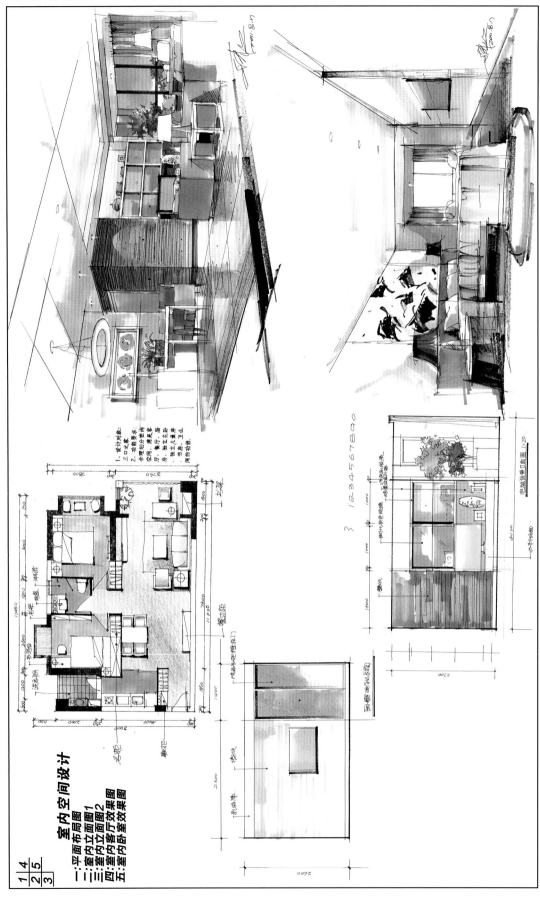

家居空间快题设计　作者：陈红卫

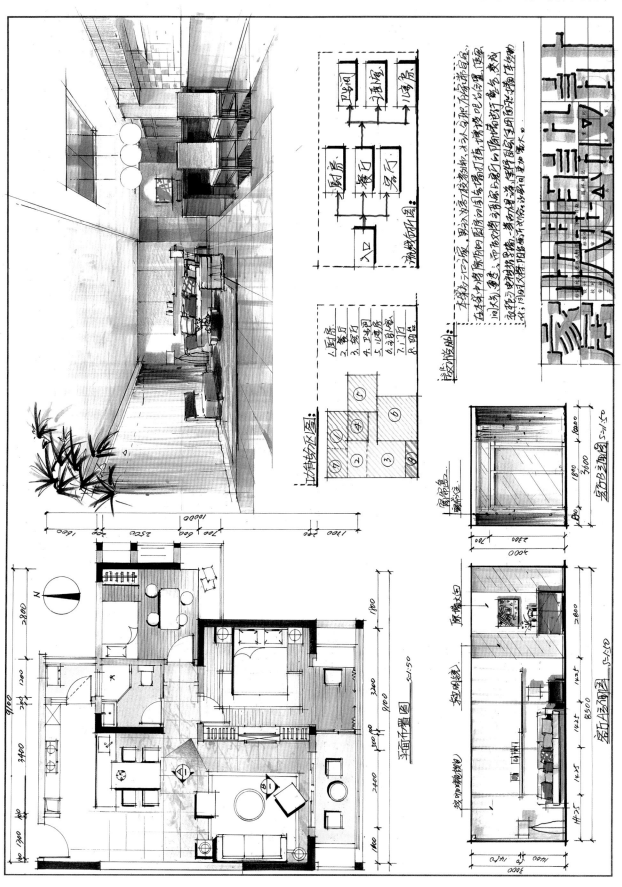

单身公寓快题设计　作者：孙大野

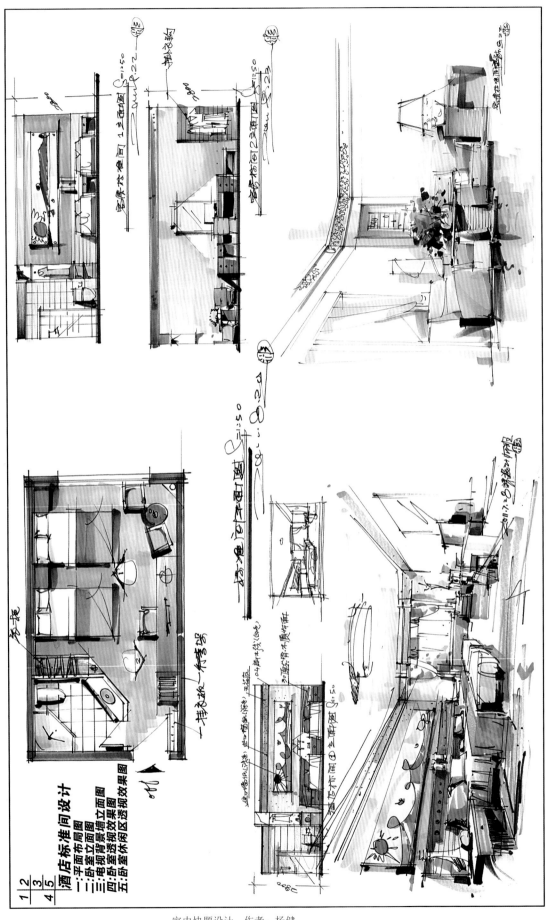

室内快题设计　作者：杨健

第十节　快题案例赏析——公共空间

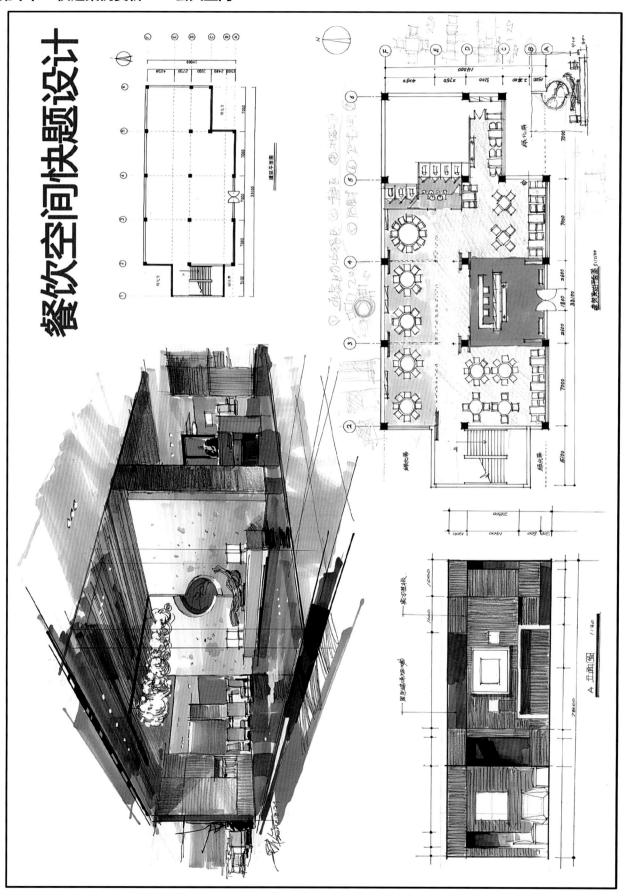

餐饮空间快题设计　作者：陈红卫

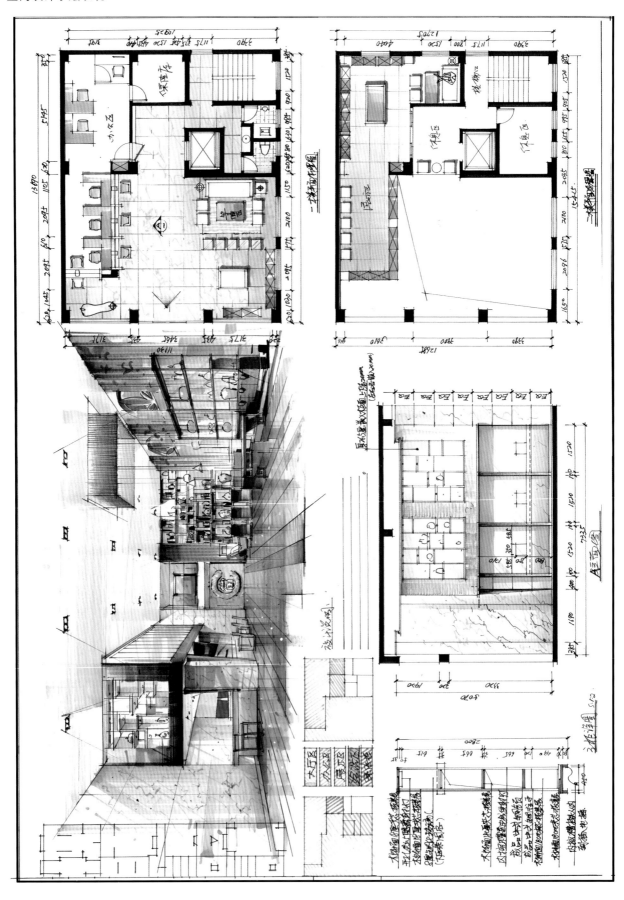

展示快题设计　作者：孙大野

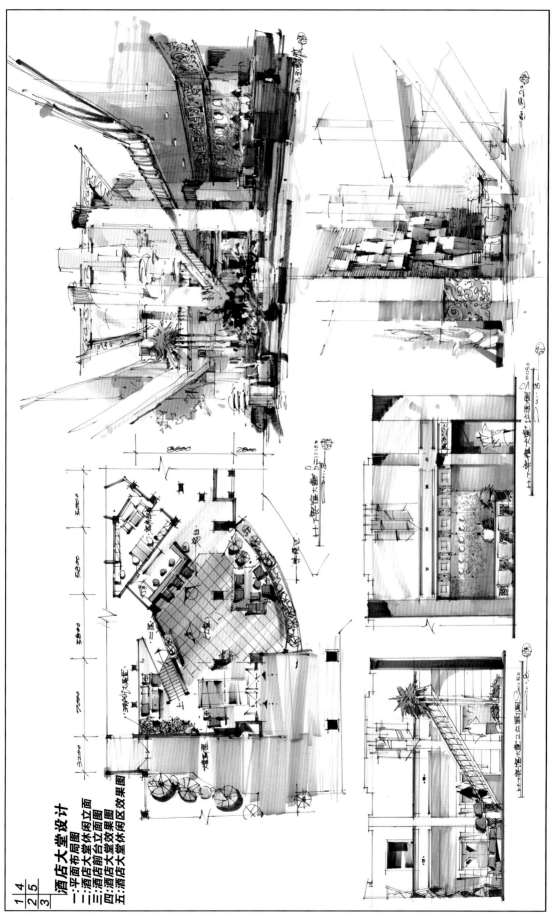

酒店大堂快题设计　作者：杨健

酒店大堂设计

一：平面布局图
二：酒店大堂休闲立面
三：酒店前台立面图
四：酒店大堂效果图
五：酒店大堂休闲区效果图

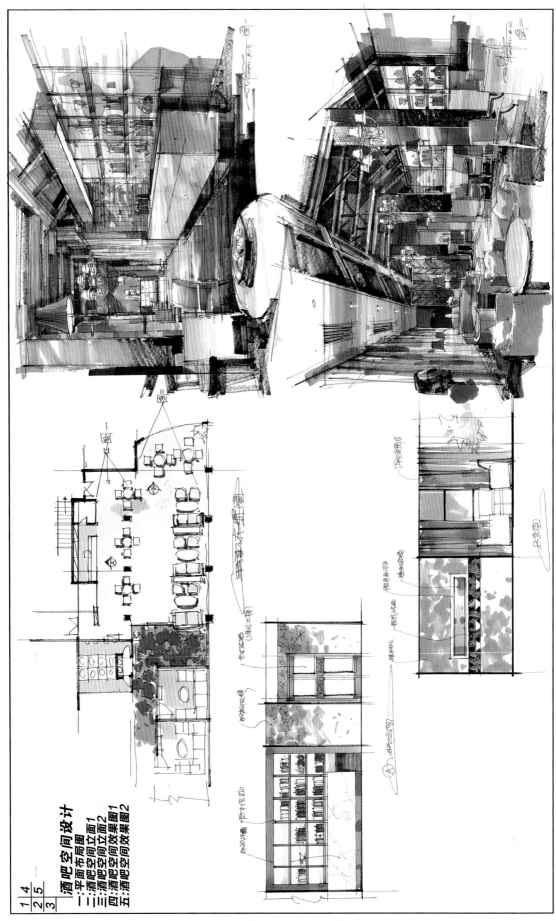

酒吧空间快题设计　作者：陈红卫

The Sixth chapter

手 绘 设 计 作 品 欣 赏

第六章

　　一幅优秀的马克笔效果图是综合技能的表现，囊括画面的构图、透视、比例、虚实、光影、材质、明暗、色彩、造型等关系，每个关系都环环相扣，任何一对关系出问题都会导致画面出现有缺陷不协调的效果。所以，要画好手绘必须要有稳定的线稿基础，同时也要掌握上色的技巧和原理，然后还要抱着一颗坚持之心，只有这样才能越画越好。本章内容为优秀手绘表现赏析，主要分为两大部分，第一部分是家居空间；第二部分是公共空间。

第一节　家居空间

客厅空间设计表现　作者：陈红卫

餐厅空间设计表现　作者：陈红卫

卧室空间设计表现　作者：杨健

卧室空间设计表现　作者：孙大野

137

客厅空间设计表现　作者：孙大野

客厅空间设计表现　作者：王姜

客厅空间设计表现　作者：徐明

客厅空间设计表现　作者：邓文杰

第二节　餐饮空间

餐饮空间设计表现　作者：沙沛

餐饮空间设计表现　作者：沙沛

餐饮空间设计表现　作者：沙沛

餐饮空间设计表现　作者：孙大野

酒吧空间设计表现　作者：孙大野

快餐店设计表现　作者：孙大野

餐饮空间设计表现　作者：王姜

主题餐厅空间设计表现　作者：杨健

143

第三节 会所空间

会所空间设计表现 作者：杨健

新中式会所空间设计表现　作者：陈红卫

新中式会所空间设计表现　作者：陈红卫

会所空间设计表现 作者：沙沛

会所空间设计表现 作者：沙沛

会所空间设计表现　作者：徐明

会所空间设计表现　作者：王姜

第四节　办公空间

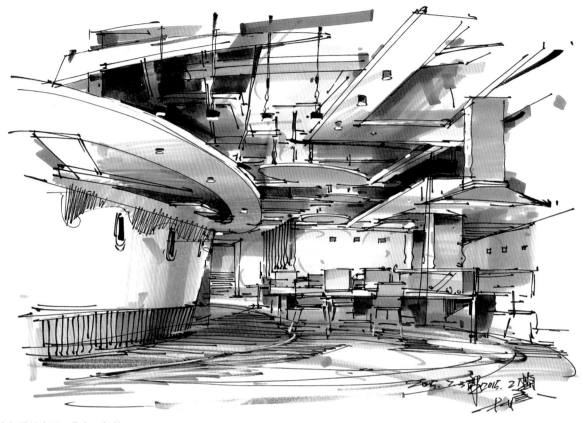

办公空间设计表现　作者：杨健

会议室空间设计表现　作者：陈红卫

办公空间设计表现　作者：孙大野

办公休闲区空间设计表现　作者：尚龙勇

第五节　展示空间

服装专卖店空间设计表现　作者：陈红卫

服装专卖店空间设计表现　作者：陈红卫

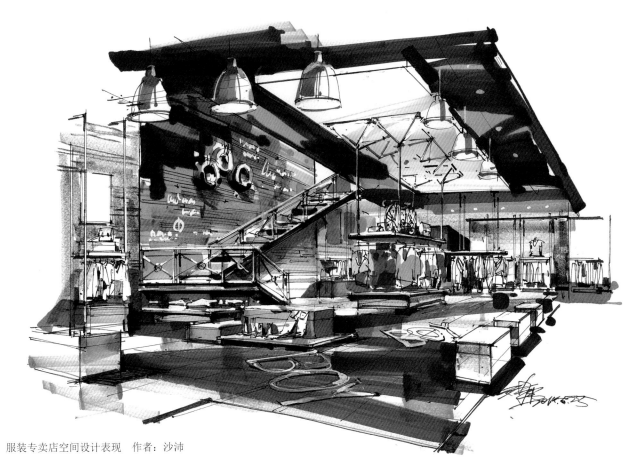

服装专卖店空间设计表现　作者：沙沛

服装专卖店空间设计表现　作者：沙沛

服装专卖店空间设计表现　作者：孙大野

服装专卖店空间设计表现　作者：孙大野

汽车展厅空间设计表现　作者：王姜

汽车展厅空间设计表现　作者：王姜

第六节　其他空间

售楼中心空间设计表现　作者：杨健

售楼中心空间设计表现　作者：杨健

公共空间设计表现　作者：杨健

公共空间设计表现　作者：杨健

书吧空间设计表现：杨健

客房卫浴空间设计表现：陈红卫

公共空间设计表现：沙沛

中庭空间设计表现：孙大野

157

酒店大堂空间设计表现　作者：尚龙勇

酒店大堂空间设计表现　作者：王姜

全球最大、最专业的手绘设计教育机构
庐 山 艺 术 特 训 营

庐山手绘特训营：

性　　质：官方设计类订阅号

主要内容：庐山艺术特训营最新资讯；最新手绘资料、教学视频分享；世界前沿设计、行业最新资讯。

庐山艺术软装训练营：

性　　质：官方设计类订阅号

主要内容：软装（陈设）设计；庐山软装；特色课程架构；多元互动、和而不同；优秀设计师的平台；软装设计精英；引导软装设计潮流；软装设计产、学、研平台；优秀师资；卓越平台！

庐山手绘网络课堂：

性　　质：官方设计类订阅号

主要内容：庐山手绘网络在线教学平台，手绘课堂视频回放，庐山特训名师教学、名师作品，国内外精品手绘分享。

庐山艺术特训营官方网站 http://www.ztj365.com

致　谢

　　十分感谢教研团队邓蒲兵、孙大野、王姜、徐明、邓文杰、尚龙勇、沈先明为本书的编写所付出的努力。他们一直专注于手绘设计教学研究，拥有大量丰富的教学经验；也正是由于他们的专业精神与敬业精神，本书才得以和大家见面。也十分感谢嘉宾为本书提供的大量手稿，丰富了本书的内容。特别是各公司提供的实战项目，通过手绘的形式来探索设计构思，很好地向读者展示了手绘思维的过程与重要性。在此特别感谢上海全筑郑孝东、星艺谭立予、星艺欧阳乐、设计师郭正一、设计师马光安……感谢他们展现的才华和大量精彩的手稿。同时，也要感谢辽宁科学技术出版社对本书出版进行的专业修改。正是诸位的专业精神与职业素养，才使得本书与读者如期见面，谢谢！

图书在版编目（ＣＩＰ）数据

室内设计手绘表现/庐山艺术特训营教研组编著 . —
沈阳：辽宁科学技术出版社, 2016.7 （2022.8 重印）
　ISBN 978-7-5381-9830-0

　Ⅰ .①室… Ⅱ .①庐… Ⅲ .①室内装饰设计－建筑构
图－绘画技法 Ⅳ .① TU204

　中国版本图书馆 CIP 数据核字 (2016) 第 121943 号

出版发行：辽宁科学技术出版社
　　　　　（地址：沈阳市和平区十一纬路25号 邮编：110003 ）
印 刷 者：辽宁新华印务有限公司
经 销 者：各地新华书店
幅面尺寸：210mm×285mm
印　　张：10
字　　数：200千字
出版时间：2016年7月第1版
印刷时间：2022年8月第13次印刷
责任编辑：闻　通
封面设计：舒丽君
版式设计：舒丽君
责任校对：栗　勇

书　　号：ISBN 978-7-5381-9830-0
定　　价：68.00元

编辑电话：024-23284740
投稿信箱：605807453@qq.com
邮购热线：024-23284502
http://www.lnkj.com.cn